智能建造应用与实训系列

BIM 建模及高阶应用

主　编　刘心男

副主编　钟　炜　马啸雨　范志强

参　编　张　西　李粒萍　金杨硕　赵秀凤　杨威龙
　　　　于　双　白玉星　刘　妍　齐　园　朱颖杰
　　　　姚福义　李燕姚　喻　屹　宋来昊　莫崇德
　　　　赵俊翔　范文腾

机械工业出版社
CHINA MACHINE PRESS

本书为了应对 BIM 全专业建模和高阶应用人才缺乏现状而编写，主要内容包含理论篇、建模实践篇、应用实践篇和案例篇。理论篇包括：BIM 技术概述和 BIM 应用总体策划，重点介绍 BIM 技术定义和特点、BIM 应用功能、BIM 项目实施计划和 BIM 的保障措施等理论，为全专业高效建模和模型应用夯实基础。建模实践篇包括：BIM 建模标准化管理、结构专业 BIM 建模、建筑专业 BIM 建模、给水排水专业 BIM 建模、暖通空调专业 BIM 建模和电气专业 BIM 建模。应用实践篇包括：多专业模型深化、碰撞检查与管线综合、模型可视化应用、BIM 平台应用。案例篇基于装配式剪力墙住宅项目展现了 BIM 模型创建和应用情况。

本书可作为高等院校土建类相关专业 BIM 实训教材，也可作为 BIM 工程师、BIM 项目管理师和 BIM 高级工程师的备考资料，还可供从事 BIM 建模与应用工作的技术人员参考。

图书在版编目（CIP）数据

BIM 建模及高阶应用/刘心男主编 . —北京：机械工业出版社，2024.2
（智能建造应用与实训系列）
ISBN 978-7-111-74707-9

Ⅰ.①B… Ⅱ.①刘… Ⅲ.①建筑设计 – 计算机辅助设计 – 应用软件
Ⅳ.①TU201.4

中国国家版本馆 CIP 数据核字（2024）第 001421 号

机械工业出版社（北京市百万庄大街 22 号　邮政编码 100037）
策划编辑：薛俊高　　　　　　责任编辑：薛俊高　刘　晨
责任校对：甘慧彤　刘雅娜　　封面设计：张　静
责任印制：任维东
北京中兴印刷有限公司印刷
2024 年 3 月第 1 版第 1 次印刷
184mm×260mm · 17.75 印张 · 440 千字
标准书号：ISBN 978-7-111-74707-9
定价：55.00 元

电话服务　　　　　　　　　网络服务
客服电话：010-88361066　　机　工　官　网：www.cmpbook.com
　　　　　010-88379833　　机　工　官　博：weibo.com/cmp1952
　　　　　010-68326294　　金　书　网：www.golden-book.com
封底无防伪标均为盗版　机工教育服务网：www.cmpedu.com

前　言

建筑信息模型（Building Information Modeling，BIM）技术，作为建筑信息化的一个重要技术方向，其快速发展和应用对整个建筑业的科技进步产生了重大影响。BIM 技术的信息互用性、信息协调性和操作的可视化等特点，改变了建筑业的生产方式，大幅提高了建筑工程集成化程度，为工程科学决策提供了可靠的数据支持。

《"十四五"建筑业发展规划》中明确提出，加快推进建筑信息模型（BIM）技术在工程全生命周期的集成应用。建筑行业对具备 BIM 技术高阶应用能力的高水平 BIM 人才的需求进一步加大，而目前可适用于高校土木工程、工程管理、智能建造等相关专业 BIM 技术高阶应用实训教学的教材较少，大多数 BIM 技术相关教材主要侧重于 BIM 技术基础操作或者 BIM 技术等级考试应试的内容，难以满足 BIM 技术高阶应用实训教学需要。

本书为满足高校土木工程、工程管理、智能建造等相关专业 BIM 建模和高阶应用能力实训需求，介绍了 BIM 应用的总体策划、BIM 建模标准化、各专业 BIM 快速建模方法与技巧、多专业模型深化、碰撞检查与管线综合、模型可视化应用、BIM 平台项目管理应用以及通过相关案例介绍 BIM 综合应用的工程实践做法。

本书共 13 章，第 1 章由刘心男、钟炜和马啸雨编写，第 2 章由刘心男、白玉星和朱颖杰编写，第 3 章由李粒萍、齐园和刘妍编写，第 4 章由张西和姚福义编写，第 5 章由张西和李燕姚编写，第 6 章由金杨硕和范文腾编写，第 7 章由金杨硕和宋来昊编写，第 8 章由金杨硕和莫崇德编写，第 9 章由张西和范志强编写，第 10 章由刘心男、喻屹和赵俊翔编写，第 11 章由张西和金杨硕编写，第 12 章由刘心男和范文腾编写；第 13 章由范志强、赵秀凤、杨威龙和于双编写。

由于编者水平和经验有限，书中难免有不当和遗漏之处，恳请广大读者批评指正。

编　者

目　录

理论篇

第1章　BIM 技术概述

1. 了解 BIM 技术的概念。
2. 熟悉 BIM 技术核心特点。
3. 掌握 BIM 技术在各阶段的应用功能。

1.1　BIM 技术基本概念

自 2002 年 Autodesk 公司发表《Building Information Modeling 白皮书》以来，国际建筑业兴起了以 BIM 技术为核心的新型建筑信息化技术研究和应用。根据香港理工大学沈岐平教授团队的研究，2004 年至 2015 年 BIM 技术相关研究就涉及 3D 建模、信息系统、IFC 格式与软件互操作、BIM 实施以及 BIM 教育等 60 个研究领域，可见 BIM 技术涉及专业领域之多。不同的专业领域对 BIM 技术的内涵有不同的理解：如从二维和三维计算机辅助设计（CAD）的角度将 BIM 技术理解成 3D 建模和出图的工具，而且该工具中应能实现二维图纸和三维模型的动态关联，最明显的体现就是相关人员使用 BIM 建模软件进行建模时常用"绘制"一词，甚至认为"BIM 就是 Revit 等 3D 建模软件"；如从信息管理的角度将 BIM 模型理解成建筑几何信息和功能信息的数据库，最明显的体现就是 BIM 软件中明细表等各种统计和计量功能的广泛应用；如从数据互通和协作的角度将 BIM 技术理解成多专业模型集成平台，该平台应能支持建筑、结构和机电等专业工程师的相互协作和模型集成。因此，随着 BIM 技术快速发展，BIM 技术的内涵不断丰富，BIM 技术出现了多种多样的定义。厘清 BIM 技术的概念，对深入和全面掌握 BIM 技术至关重要。

1.1.1　BIM 技术定义

美国 NBIMS 标准从建模（Modeling）、模型（Model）和管理（Management）3 个层次对 BIM 技术的定义进行了阐释。

（1）建筑信息建模（Building Information Modeling）　在建筑全生命周期内设计、建造和运营中创建和利用建筑信息的业务过程。在建筑信息建模的过程中，建筑各相关方应能通过不同技术平台之间的互操作性，在同一时间获取到相同的建筑信息。

（2）建筑信息模型（Building Information Model）　建筑的物理和功能特性的数字化表达。它作为建筑各相关方共建共享的建筑信息资源，为建筑全生命周期中相关决策提供可靠的决策依据和信息支持。

（3）建筑信息管理（Building Information Management）　在建筑全生命周期中，对建筑信息建模过程（即创建建筑信息模型、利用建筑信息模型中的信息实现信息共享的业务过程）的组织与控制。建筑信息管理有助于实现不同专业领域和岗位的整合，使建筑信息建模过程更加有效。

我国《建筑信息模型应用统一标准》（GB/T 51212—2016）从 Modeling 和 Model 两个角度对建筑信息模型进行阐释，将 BIM 定义为：在建设工程及设施全生命周期内，对其物理和功能特性进行数字化表达，并依此设计、施工、运营的过程和结果的总称。

结合 NBIMS 和我国《建筑信息模型应用统一标准》（GB/T 51212—2016），可以将 BIM 技术内涵总结为以下几点。

1）BIM 的相关定义中均强调"建筑全生命周期"的概念，BIM 技术的理想状态是将建筑信息创建、共享和利用贯穿建筑全生命周期，充分发挥建筑信息的价值，提升建筑信息管理的效率和效益，解决信息传递衰减和信息更新不同步等问题（图 1-1）。受当前 BIM 技术成熟度、项目实际需要和相关方 BIM 技术能力等条件限制，仅在某一阶段或环节内应用 BIM 技术的情况更为常见。

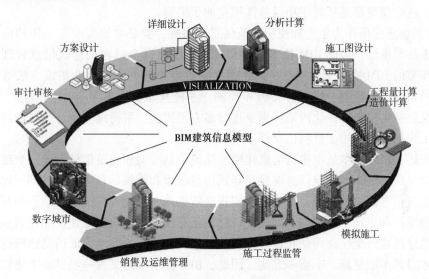

图 1-1　BIM 技术是贯穿建筑全生命周期的信息化技术

2）建筑信息建模涉及政府主管部门、业主、设计、施工、造价、监理、运营等相关方，各相关方允许使用不同的 BIM 技术平台和软件。这些 BIM 技术平台和软件之间应能进行交互操作，以实现信息的有效传递和共享，减少同一信息的重复创建。本章为便于理解，将建筑信息建模形象解读为：某专业/岗位人员使用该专业/岗位的某 BIM 软件，通过该 BIM 软件的数据库提取出相关信息完成自己专业/岗位的任务，同时输出一定格式文件以满足其他专业/岗位任务的信息需求。输出的信息若符合建筑信息管理中数据格式和信息精度等方面的要求，则可成为 BIM 数据，进入到建筑信息模型对其进行丰富和完善。之后，再由下游相关专业/岗位人员按建筑信息管理的要求，操作该专业/岗位的 BIM 软件，从已形成的建筑信息模型中提取满足任务需求的相关数据形成子模型，并根据需要进行补充完善，完成自己专业/岗位的任务，如图 1-2 所示。如建模人员使用 Revit 软件完成建筑、结构和机电专业模型创建，完成各专业模型二维出图，同时输出 IFC 格式文件；管线综合人员无须重复创建建筑几何信息，接收 IFC 格式文件后，使用 Navisworks 等软件进行多专业碰撞检查，以上过程就是一个简单的信息创建与应用过程。

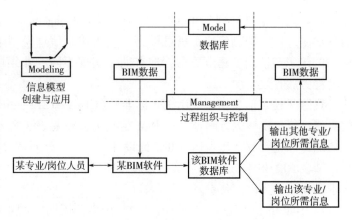

图 1-2　BIM 三个层次定义之间的关系

3）建筑信息模型不是一个单一的模型，也不是某一个单一的 BIM 平台和软件的数据库，更不是一个 3D 建筑几何"模型"，而是各种独立支持特定任务或应用功能的子模型的总称和集合。这是由于从 BIM 技术实际操作角度，项目所处的阶段不同、专业分工不同、实现目标不同等多种原因，项目的不同参与方必须拥有各自的模型，如设计模型、施工模型和运维模型等，这些模型都是从属于项目总体模型的子模型。

4）建筑信息建模作为生产和使用建筑信息的过程，势必对原有业务工作和信息处理过程产生冲击甚至重塑，因此 BIM 技术用户要高度重视贯穿全过程的建筑信息管理，如提前明确不同环节的 BIM 模型交付精度、BIM 模型变更维护频率和多专业集成方法等。只有从信息管理的角度做好规划、组织、实施和控制，才能真正发挥 BIM 技术的效益。建筑信息管理的效益包括集中和可视化沟通、更早进行多方案比较、可持续分析、高效设计、多专业集成、施工现场控制、竣工资料记录等。

综上所述，BIM 技术是由建筑信息建模、建筑信息模型和建筑信息管理三个独立又相互关联的部分组成的整体。建筑信息建模是建筑信息模型和建筑信息管理的基础，建筑信息管理是实现建筑信息模型的保证，如果缺少实现有效创建、应用和传递建筑信息的环境，建筑信息模型的维护和更新工作就得不到保证。建筑信息模型是建筑信息建模和建筑信息管理的成果，正是通过建筑全生命周期在良好的建筑信息管理下、不断地完成信息建模过程，建筑信息模型才得到不断更新、丰富和充实。因此，BIM 技术可定义为一项贯穿于建筑及设施全生命周期的信息化技术，它通过建筑信息管理建立起信息创建、应用和传递的工作环境，通过一系列具备互操作性的 BIM 软件进行建筑信息建模以创建、应用和传递建筑信息，建立的动态完善的建筑信息模型为相关决策提供可靠数据支持。

1.1.2　BIM 技术特点

理解 BIM 和 BIM 技术的概念之后，可以得出 BIM 技术的三个核心特点。

1. 信息的互用性（Interoperability）

信息的互用性，即 BIM 软件间的互操作性。从 BIM 技术贯穿于建筑及设施全生命周期的角度出发，BIM 技术应提供良好的信息共享环境，因此信息的互用性应为 BIM 技术的根本特点。信息的互用性充分保证了信息经过传输与交换以后，信息前后的一致性。具体来说，实现互用性就是 BIM 模型中所有数据只需要一次性采集或输入，就可以在整个设施的全生命周期中实现信息的共享、交换与流动，使 BIM 模型能够不断更新、丰富和充实，避免了信息不一致的错误和信息重复创建的问题，可以大大提高效率、降低成本、节省时间和减少错误。BIM 技术的应用不应当因为项目参与方所使用不同专业的软件或者不同品牌的软件而产生信息交流的障碍，更不应当在信息传递过程中发生衰减，导致部分信息的丢失，而应保证信息自始至终的一致性。

实现互用性的关键是不同软件系统之间数据的无损耗交换。目前，存在两种实现互用性的技术路线。一种是以统一的工业基础类（Industry Foundation Classes，IFC）解决数据存储格式、以信息交付手册（Information Delivery Manual，IDM）解决信息交换流程和需求、以模型视图定义（Model View Definition，MVD）解决 IDM 中的信息需求和不同软件中可实现的数据交换进行对应，该技术路线被称为基于 IFC 的 BIM 或 IFC-BIM。另一种是我国提出的基于工程实践的 BIM 或 P-BIM，与 IFC-BIM 中要求相关的 BIM 软件都支持 IFC 数据格式和以 IFC 格式文件进行数据交换不同，P-BIM 中更加侧重"去 IFC 中心化"的 BIM 软件两两交换，使 BIM 技术推广应用更加符合活跃多变的工程实践需求。

2. 信息的协调性（Coordination）

由于建筑全生命周期内有业主、设计方、施工方和运维方等相关方的共同参与，同时涉及建筑、结构、电气、排水、暖通等多个专业，在建筑全生命周期内多参与方多专业之间的信息协调至关重要。协调性体现在两个方面：一是在数据之间创建实时的、一致性的关联，对数据库中数据的任何更改，都马上可以在其他关联的地方反映出来；二是在各构件实体之间实现关联显示、智能互动。以建筑设计阶段为例，设计师建立起的信息化建筑模型就是设计成果，各种平面、立面、剖面 2D 图纸以及门窗表等图表都可以根据模型随时生成。这些源于同一数字化模型的所有图纸、图表均相互关联，避免了用 2D 绘图软件画图时会出现的不一致现象。而且在任何视图（平面图、立面图、剖面图）上对模型的任何修改，都视同为对模型本体的修改，会马上在其他视图或图表上关联的地方反映出来，而且这种关联变化是实时的。这样就保持了 BIM 模型的完整性和鲁棒性，在实际生产中就大大提高了项目的工作效率，消除了不同视图之间的不一致现象，保证项目的工程质量。

3. 操作的可视化（Visualization）

可视化是 BIM 技术的最直观特点。BIM 技术的一切操作都是在可视化的环境下完成的，比如在 3D 可视化环境下进行建筑设计、碰撞检查、施工模拟和安全疏散模拟等操作。BIM 技术的出现为实现可视化操作开辟了广阔的前景，其附带的构件信息（几何信息、关联信息、技术信息等）为可视化操作提供了有力的支持，建筑的几何、物理及其构件属性如安装位置、材质、成本和使用年限等信息都可以在 BIM 模型中获得，大大增强了工程人员对建筑项目的全面理解和高效应对，避免了对照二维图纸时产生的信息提取错误。BIM 技术的可视化不仅可以用来进行建筑三维展示，也可以表达一些比较抽象的信息（如应力、温度、质量等），还可以将建筑与设施建设过程及各种相互关系动态地表现出来。可视化操作为项目团队进行的一系列分析提供了方便，有效地提高了信息传递效率。

基于以上三个特点，还可以衍生出如参数化、可模拟性、可优化性和可出图性等一些其他特点。这些衍生特点大多是 BIM 技术核心特点在项目不同阶段使用的 BIM 软件特点的生动体现。如设计阶段 BIM 技术应用必然要求建模软件具备参数化建模能力，否则难以实现信息的互用性和协调性；施工阶段 BIM 技术的可模拟性必然要求相关管理软件具备将进度和资金计划与 3D 几何模型进行同步模拟的能力，否则难以实现操作的可视化。

1.2 BIM 应用功能

BIM 应用功能具有很广的覆盖面：从纵向来说，BIM 的应用覆盖建筑及设施全生命周期，包括规划、设计、施工和运维阶段，甚至建筑拆除阶段；从横向来说，BIM 的应用范围包括业主、设计师、施工方、物业管理到房地产经纪、应急救援人员等各行各业人员。近年来我国工程建造行业信息化、数字化和智能化高速发展，BIM 技术已经在一些大型工程项目中得到积极应用，涌现出很多成功案例。结合我国 BIM 技术发展现状、市场对 BIM 技术应用的接受程度和国内建筑行业的特点，中建国际设计顾问有限公司（CCDI）过俊整理和归纳了我国常见的 20 种 BIM 技术典型应用，如图 1-3 所示。

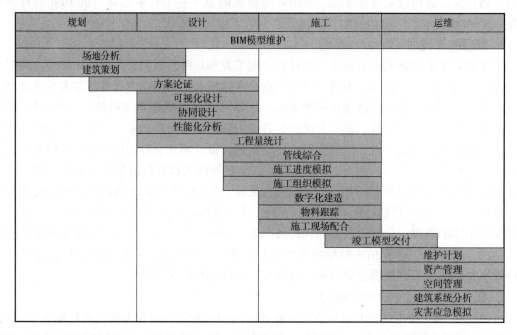

图 1-3 BIM 技术在我国的 20 种典型应用

根据 BIM 技术定义，BIM 模型创建和维护贯穿建筑及设施全生命周期。根据项目建设进度建立和维护 BIM 模型，实质是使用 BIM 平台汇总和深化各项目团队所有的建筑工程信息，消除项目中的信息孤岛，并且将得到的信息结合三维模型进行整理和储存，以备项目全过程中项目各相关利益方随时共享。由于 BIM 的用途决定了 BIM 模型细节的精度，仅靠一个 BIM 工具并不能完成所有的工作，所以目前工程中主要采用"分布式" BIM 模型的方法，建立符合工程项目现有条件和使用用途的 BIM 模型。这些模型根据需要可能包括：设计模型、施工模型、进度模型、成本模型、制造模型、操作模型等。

本节将分别简单介绍规划阶段、设计阶段、施工阶段和运维阶段 BIM 技术的典型应用。

1.2.1 规划阶段

规划阶段对整个项目建设过程很重要，在项目前期规划时使用 BIM 技术进行概念设计、规划设计，进行方案的场地分析和建筑策划，辅助项目决策。

1. 场地分析

场地分析是研究影响建设项目定位的关键因素，是确定建筑物的空间方位和外观、建立建筑物与周边环境的联系的过程。在规划阶段，场地的地貌、植被和气候条件等都是影响设计决策的重要因素，往往需要通过场地分析来对景观规划、环境现状、施工配套及建成后交通流量等各种影响因素进行评价及分析。

传统的场地分析方法存在诸多问题，如定量分析不足、主观因素过多和大量信息数据无法科学处理等弊端。而通过 BIM 技术结合地理信息系统（Geographic Information System，GIS），根据场地资料构建道路、建筑物和环境绿化等模型，基于容积率、绿化率和建筑密度等建筑条件制定方案，利用 BIM 及 GIS 技术实现场地及拟建的数据模拟，对土石方衡量、场地利用率等数据分析，可以迅速得出科学和有效的结果，帮助项目在规划阶段评估场地的使用条件和特点，从而做出新建项目最理想的场地规划、交通流线组织关系和建筑布局等关键决策。

2. 建筑策划

建筑策划是在总体规划目标确定后，根据定量分析得出设计依据的过程。相对于根据经验确定设计内容及依据（设计任务书）的传统方法，建筑策划利用对建设目标所处社会环境及相关因素的逻辑数理分析，研究项目任务书对设计的合理导向，制定和论证建筑设计依据，在科学的数据内容分析之下，寻找达到这一目标科学的方法。

此外，BIM 技术还能够帮助项目团队在建筑规划阶段，通过对空间进行分析来理解复杂空间的标准和法规，从而节省一定的时间，为项目团队提供更多增值活动的可能。尤其是在客户讨论需求、选择以及分析最佳方案时，能借助 BIM 技术及相关分析数据，做出关键性的决定。BIM 技术在建筑策划阶段的应用成果还会帮助建筑师在建筑设计阶段随时查看初步设计是否符合业主的要求，是否满足建筑策划阶段得到的设计依据。

1.2.2 设计阶段

BIM 技术在建筑设计的应用范围非常广泛，其在设计阶段不仅能提升设计图的质量和工作效率，还能最大化的展示设计意图，目前已广泛应用于方案论证、可视化设计、协同设计、性能化分析和工程量统计等方面。

1. 方案论证

在方案论证阶段，项目投资方可以利用 BIM 技术模拟方案的布局、设备、人体工程、交通和照明等情况，实现项目的高效设计。BIM 三维模型展示的设计效果还有利于项目投资方对方案进行评估选择，也可就当前设计方案讨论施工可行性以及如何削减成本、缩短工期等问题。

对设计师来说，通过 BIM 技术来评估所设计的空间，可以获得较好的互动效应，以便从使用者和业主处获得积极的反馈。设计的实时修改往往基于最终用户的反馈，在 BIM 平台下，项目各方关注的焦点问题比较容易得到直观展现并迅速达成共识，从而大大缩短决策的时间。

2. 可视化设计

3DMax、Sketchup 等三维可视化设计软件的出现有力地填补了业主及最终用户因缺乏对传统建筑施工图的理解能力而造成的和设计师之间的交流鸿沟，但由于这些软件设计理念和功能上的局限，使得这样的三维可视化展现不论用于前期方案推敲还是用于阶段性的效果图展现，与真正的设计方案之间都存在相当大的差距。

利用 BIM 技术的可视化、模拟性的优势特点，将特殊施工工艺和专项施工方案做成视频动画，对技术人员及工人进行交底，能直观准确地掌握整个施工过程和技术要点难点，避免施工中因过程不清楚、技术经验不足造成的质量安全问题。同时也使业主及最终用户真正摆脱了技术壁垒的限制，随时知道自己的投资能获得什么。

3. 协同设计

协同设计是基于 BIM 的新型建筑设计方法，它可以使不同专业的甚至是分布在不同地理位置的设计人员都能通过网络在同一个 BIM 模型开展协同设计工作。协同设计是在建筑业环境发生深刻变化、建筑的传统设计方式必须得到改变的背景下出现的，也是数字化建筑设计技术与快速发展的网络技术相结合的产物。

传统的 CAD 协同设计模板并不能充分实现专业间的信息交流，BIM 技术的出现大幅提升了协同设计的技术含量，使协同已经不再是简单的文件参照，而是为协同设计提供底层的数据支撑。借助 BIM 技术的优势，协同的范畴也从单纯的设计阶段扩展到建筑全生命周期，需要规划、设计、施工和运维等各方的集体参与，有利于及时发现设计中存在的"错、漏、碰、缺"等问题，提升设计质量；还可以在建筑设计和专项设计之间协同解决图纸问题，经综合协调后，可提前消除矛盾或冲突，减少后期设计变更。

4. 性能化分析

在 CAD 时代，无论什么样的分析软件都必须通过手工的方式输入相关数据才能开展分析计算，而操作和使用这些软件不仅需要专业技术人员经过培训才能完成，同时由于设计方案的调整，造成原本就耗时耗力的数据录入工作需要经常性地重复录入或者校核，导致建筑设计与性能化分析计算之间严重脱节。

利用 BIM 技术，建筑师在设计过程中创建的虚拟建筑模型已经包含了大量的设计信息（构件形状、数量情况、尺寸大小和材料信息等），只要将模型导入相关的性能化分析软件，就可以实现采光分析、通风分析以及能源消耗等应用，且在 BIM 软件中设置照明相关模型、材质、光源、照明控制等，可对建筑内部进行照明分析。通过 BIM 技术大大缩短了性能化分析的周期，同时也使设计公司能够为业主提供更专业的技能和服务。

5. 工程量统计

在 CAD 时代，由于 CAD 软件无法存储可以让计算机自动计算工程项目构件的必要信息，所以需要人工根据图纸或者 CAD 文件统计工程量，或者使用专门的造价计算软件根据图纸或者 CAD 文件重新进行建模后由计算机自动进行统计。前者不仅需要消耗大量的人工，而且容易出现计算错误，而后者同样需要不断地根据调整后的设计方案及时更新模型，如果滞后，得到的工程量统计数据也往往失效了。

而 BIM 是一个富含建筑信息的数据库，可以真实、随时地为造价管理者提供必要的工程量信息，计算机借助这些信息可以快速对各种构件进行统计分析，不仅大大减少了烦琐的人工操作和潜在错误，而且能够有效解决早期大量人力、物力资源浪费的问题，减少工程量统计数据与设计方案之间的偏差，使设计方案的调整更加规范化。通过 BIM 技术获得的准确的工程量统计可以用于前期设计过程中的成本估算、在业主预算范围内不同设计方案的探索或者不同设计方案建造成本的比较，以及施工开始前的工程量预算和施工完成后的工程量决算。

1.2.3 施工阶段

基于 BIM 技术的数据化集成手段指导施工过程的精细化管理，主要体现在管线综合、施工进度模拟、施工组织模拟、数字化建造、物料跟踪、施工现场配合和竣工模型交付等方面。

1. 管线综合

随着建筑物规模和使用功能复杂程度的增加，无论设计企业还是施工企业甚至是业主对机电管线综合的要求更加强烈。在 CAD 时代，设计企业主要由建筑或者机电专业牵头，将所有图纸打印成硫酸图，然后各专业将图纸叠在一起进行管线综合，由于二维图纸的信息缺失以及缺乏直观的交流平台，导致管线综合成为建筑施工前让业主最不放心的技术环节。

在施工开始前利用 BIM 技术，通过搭建各专业（建筑、结构、给水排水、机电、消防和电梯等）的 BIM 模型，设计师能够在虚拟的三维环境下进行空间协调，方便检查各专业管线之间的碰撞冲突，从而大大提高了管线综合的设计能力和工作效率。这不仅能及时排除项目施工环节中可能遇到的碰撞冲突，显著减少由此产生的变更申请单，更大大提高了施工现场的生产效率，降低了由于施工协调造成的成本增加和工期延误。

2. 施工进度模拟

建筑施工是一个高度动态的过程，随着建筑工程规模的不断扩大，复杂程度不断提高，使得施工项目管理变得极为复杂。早期建筑工程项目管理中经常采用表示进度计划的甘特图，由于专业性强、可视化程度低，无法清晰描述施工进度以及各种复杂关系，难以准确表达工程施工的动态变化过程。

将 BIM 与施工进度计划相链接，基于 BIM 技术绘制施工项目场地、临时道路、基坑和临时设施等 3D 模型，将模型构件和时间结合生成 4D 模型，利用动态模拟与漫游功能，可以直观、精确地反映整个建筑的施工过程。4D 施工模拟技术可以在项目建造过程中合理制定施工计划、精确掌握施工进度，优化使用施工资源以及科学地进行场地布置，对整个工程的施工进度、资源和质量进行统一管理和控制，可缩短工期、降低成本和提高质量。

3. 施工组织模拟

施工组织是对施工活动实行科学管理的重要手段，它决定了各阶段的施工准备工作内容，协调了施工过程中各施工单位、各施工工种和各项资源之间的相互关系。施工组织设计是用来指导施工项目全过程各项活动的技术、经济和组织的综合性文件，是施工技术与施工项目管理有机结合的产物。

在 BIM 模型上对施工计划和施工方案进行可建性模拟，充分利用空间和资源整合，消除冲突，得到最优施工计划和方案。特别是对于新形式、新结构、新工艺和复杂节点，可以充分利用 BIM 技术的参数化和可视化特性对节点进行施工流程、结构拆解、配套工器具等角度的分析模拟，可以改进施工方案实现可施工性，以达到降低成本、缩短工期、减少错误和浪费的目的。

4. 数字化建造

数字化建造的前提是提供详尽的数字化信息，而 BIM 模型的构件信息都以数字化形式存储。BIM模型与数字化建造系统的结合，可实现建筑施工流程的自动化，其必然能提高建筑行业的生产效率。通过数字化建造，可以自动完成建筑构件的预制，这些通过工厂精密机械技术制造出来的构件不仅减小了建造误差，并且大幅度提高构件制造的生产率，大幅缩短整个建筑建造的工期。同时，与参与竞标的制造商共享构件模型也有助于缩短招标周期，便于制造商根据设计要求的构件用量编制更为统一的投标文件。

5. 物料跟踪

随着建筑行业标准化、工厂化、数字化水平的提升，以及建筑使用设备复杂性的提高，越来越多的建筑及设备构件通过工厂加工并运送到施工现场进行高效的组装。而这些建筑构件及设备是否能够及时运到现场、是否满足设计要求、质量是否合格将成为整个建筑施工建造过程中影响施工计划关键路径的重要环节。

在BIM技术出现以前，建筑行业往往借助较为成熟的物流行业的管理经验及技术方案（例如RFID射频识别标签）。通过RFID可以把建筑物内各个设备构件贴上标签，BIM模型则详细记录了建筑物及构件和设备的所有信息，以实现对这些物体的跟踪管理。目前，通过BIM技术与3D激光扫描、视频、图片、GPS、移动通信、RFID无线射频识别标签、互联网等技术的集成，可以实现对现场的构件、设备以及施工进度和质量的实时跟踪，从而可以解决建筑行业对日益增长的物料跟踪带来的管理压力。

6. 施工现场配合

BIM技术不仅集成了建筑物的完整信息，同时还提供了一个三维的交流环境。BIM技术的使用方便建设项目各专业以及相关人员之间的沟通和交流，论证项目的可造性，及时排除风险隐患，减少建设项目因为信息过载或者信息流失而带来的损失，减少由此产生的变更，保障资料分配的合理化，缩短施工时间，降低由于设计协调造成的成本增加，从而提高从业者的工作效率以及整个建筑业的效率。

7. 竣工模型交付

建筑作为一个系统，当完成建造过程准备投入使用时，首先需要对其进行必要的测试和调整，以确保它可以按照当初的设计来运营。在项目完成后的移交环节，物业管理部门需要得到的不只是常规的设计图、竣工图，还需得到能够反映真实状况的BIM模型，包含施工过程记录、材料使用情况、设备的调试记录以及状态等资料。

BIM技术能将建筑物空间信息和设备参数信息有机地整合起来，从而为业主获取完整的建筑物全局信息提供途径。基于BIM运维管理平台，可直观了解建筑隐蔽工程信息，应用BIM技术建立一个可视化三维模型，所有数据和信息可以从模型中获取和调用，其不仅有利于后续的运营管理，并且可以在未来进行的翻新、改造、扩建过程中为业主及项目团队提供有效的历史信息。

1.2.4 运维阶段

一般建筑的运维阶段周期较长，BIM运维管理能实现资源的优化配置，减少维护成本，主要应用于维护计划、资产管理、空间管理、建筑系统分析和灾害应急模拟等。

1. 维护计划

在建筑物使用寿命期间，建筑物结构设施（如墙、楼板、屋顶等）和设备设施（如设备、管道等）都需要不断得到维护。BIM技术能将建筑物空间信息、设备信息和其他信息有机地整合起来，结合运维管理系统可以充分发挥空间定位和数据记录的优势，合理制订运营、管理、维护计划，尽可能减小建筑物在使用过程中出现突发状况的概率。对一些重要设备还可以跟踪维护工作的历史记录，以便对设备的适用状态提前作出判断。

2. 资产管理

通过 BIM 技术建立维护工作的历史纪录，可以对设施和设备的状态进行跟踪，对一些重要设备的适用状态提前预判，并自动根据维护记录和保养计划提示到期需保养的设备和设施，对故障设备从派工维修到完工验收、回访等均进行记录，实现过程化管理。另外如果基于 BIM 技术的资产管理系统能与诸如停车场管理系统、智能监控系统、安全防护系统等物联网结合起来，实行集中后台控制与管理，则能很好地解决资产的实时监控、实时查询和实时定位，并且实现各个系统之间的互联、互通和信息共享。

3. 空间管理

空间管理是为节省空间成本、有效利用空间、为最终用户提供良好工作生活环境而对建筑空间所做的管理，其主要包括照明、消防等各系统和设备空间的管理。通过 BIM 运维管理平台获取各系统和设备空间位置信息，把原来编号或文字变成三维图形，直观、形象且方便查找。BIM 技术不仅可以用于有效管理建筑设施及资产等资源，还可应用于内部空间设施的可视化管理，分析现有空间的使用情况，合理分配建筑物空间，确保空间资源的最大利用率。

4. 建筑系统分析

建筑系统分析是对照业主使用需求及设计规定来衡量建筑物性能的过程，包括机械系统如何操作和建筑物能耗分析、内外部气流模拟、照明分析、人流分析等涉及建筑物性能的评估。BIM 技术结合专业的建筑物系统分析软件避免了重复建立模型和采集系统参数。通过 BIM 技术可以验证建筑物是否按照特定的设计规定和可持续标准建造，通过这些分析模拟，最终确定、修改系统参数甚至系统改造计划，以提高整个建筑的性能。

5. 灾害应急模拟

基于 BIM 模型丰富的信息，可以将模型导入灾害模拟分析软件，基于 BIM 技术可视化进行应急预案管理、应急综合指挥。在灾害发生前，将部门设定好的各类应急预案集成至 BIM 模型平台中，在三维模型中进行推演，帮助业主熟悉应急疏散流程。

当灾害发生后，通过 BIM 技术和楼宇自动化系统的结合，使得 BIM 模型能清晰地呈现出建筑物内部紧急状况的位置，甚至到紧急状况点最合适的路线，救援人员可以由此做出正确的现场处置，提高应急行动的成效。

1.3 练习与思考题

1. BIM 概念分为几个层面？每个层面的具体含义是什么？
2. BIM 技术的定义及特点是什么？
3. 思考以下模型是不是 BIM 模型？

1）只包含三维几何数据且基本没有对象属性的模型。该模型具有较好的可视化功能，但基本不支持数据集成和设计分析。

2）不支持行为的模型。该模型定义了对象，但没有使用参数化的功能，因此不能调整对象位置和尺寸参数。

3）在一个视图中可以改变尺寸大小，但该改变不能自动地反映在模型本体和其他视图中的模型。

4. BIM 技术在规划阶段、设计阶段、施工阶段及运维阶段主要的应用点分别有哪些？

5. 收集 BIM 技术应用于大型工程项目的案例，并说明在该项目中 BIM 技术的应用阶段和应用范围。

第 2 章 BIM 应用的总体策划

知识目标

1. 了解明确 BIM 应用执行过程的步骤。
2. 熟悉 BIM 实施过程中的保障措施。
3. 掌握 BIM 实施计划的内容和编制步骤。

2.1 项目 BIM 应用执行过程

BIM 全流程应用为项目应用的一般流程模式，横跨方案、初设、施工图、施工、竣工阶段、运维阶段，每个阶段均有相应的完整性。BIM 应用流程针对项目不同需求，不同应用点有相应的流程形式，每个流程成果明确了工作、里程碑、中间成果、会议等，明确各个流程任务的责任人。

项目 BIM 执行时应按照八大步骤进行，具体如下。

1）明确整体项目需求。

2）明确 BIM 具体需求。

3）制定 BIM 实施计划。

4）明确 BIM 里程碑。

5）明确 BIM 交付物。

6）完善 BIM 需要的硬件设施。

7）管理、协调和传递 BIM 模型。

8）交付最终的 BIM 运维模型。

2.2 编制 BIM 项目实施计划

制订 BIM 项目实施计划可以使项目以最小投入达到预期目的，使项目施工方获得更高的经济效益。

BIM 项目实施计划概述了整个项目的总体设想和实施细节，供团队在整个项目中遵循。在项目的早期阶段，应制订 BIM 计划；在项目的整个执行阶段，随着更多参与者的加入而不断发展；并在项目的整个执行阶段视需要进行监测、更新和修订。该计划应确定项目中 BIM 实施的范围，确定 BIM 任务的流程，定义各方之间的信息交换，并描述支持实现所需的项目和公司基础设施。

2.2.1 BIM 项目实施计划编制步骤

1. 明确 BIM 目标和应用点

确定 BIM 实现的总体目标，可以明确 BIM 在项目和项目团队成员中的潜在价值。目标可基于项目执行情况，并包括诸如缩短工期、提高生产率、提高质量、降低变更订单的成本或获取设施的重要业务数据等；BIM 项目目标制定应考虑项目的复杂程度、人员素质和外部要求，同时应结合"项目管理"的三大目标进行目标设定。

BIM 应用点的选择应结合 BIM 实施目标和现阶段 BIM 技术应用水平综合考量，应用点的选择对 BIM 实施流程的次开发和 BIM 应用平台的建立都产生直接影响。在 BIM 技术的重点应用中，目前主要有三个应用点：碰撞及管线综合、能耗分析和成本测算。

2. 制定 BIM 实施流程

项目团队确定 BIM 应用点后，需要执行一个策划 BIM 实施的流程。

根据应用点不同需经过如下流程：①BIM 启动会；②过程技术报告会；③BIM 模型建立确定会；④设计模型交付会-设计调改竣工模型交付会；⑤结题会等会议。

3. 明确模型信息交换的需求

制定适当的流程后，应明确项目参与方之间进行的信息交换。

BIM 模型信息交换是为了保证 BIM 顺利实施，在项目进行中进行关键信息的交流，确保所有参与方都清楚随着建设项目工期的进展相应的 BIM 交付成果是什么。

主要的工作程序如下：

1）定义 BIM 总体流程中的每一个信息交换。

2）信息交换内容定义标准化。

3）确定每一个信息交换的输入、输出要求，包括模型接收者、模型文件类型、信息详细程度以及注释等。

4）分配责任方创建需要的信息。

5）比较输入和输出的内容。

4. 定义 BIM 顺利实施的支撑条件

在确定了项目的 BIM 目标、项目流程并定义了 BIM 可交付成果之后，团队必须深化项目所需的基础框架，以支持计划好的 BIM 流程。这将包括对交付结构和合同语言的定义；界定通信程序；界定技术基础设施；并确定质量控制程序，以确保高质量的信息模型。

2.2.2 BIM 项目实施计划包含的信息

BIM 项目实施计划完成后，应包括以下几类资料：

（1）BIM 项目实施计划概述信息　记录创建项目实施计划的原因。

（2）项目资料　该计划应包括关键的项目信息，如项目编号、项目地点、项目说明和今后参考的关键时间表日期。

（3）关键项目联系人　作为参考信息的一部分，BIM 计划应包括关键项目人员的联系信息。

（4）项目目标/BIM 目标　本部分应记录项目团队在规划过程的初始阶段所界定的项目中 BIM 的战略价值和具体用途。

（5）组织角色和人员配置　在项目的各个阶段确定 BIM 规划和执行过程的协调者。

（6）BIM 流程设计　BIM 项目实施的基本流程。

（7）BIM 信息交换　在信息交换要求中，应该明确定义实现每个 BIM 使用所需的模型元素和详细程度。

（8）BIM 及设施数据要求　记录和理解业主对 BIM 的要求。

（9）协作程序　小组应制定其电子和协作活动程序。包括模型管理程序的定义（例如，文件结构和文件权限）以及典型的会议时间表和议程。

（10）示范质量控制程序　确保项目参与方达到规定要求的程序应在整个项目过程中得到制定和监测。

（11）技术基础设施需求　执行计划所需的硬件、软件和网络基础设施应加以界定。

（12）模型结构　团队应该讨论和记录项目，如模型结构、文件命名结构、协调系统和建模标准。

（13）项目可交付成果　团队应该记录业主要求的可交付成果。

（14）交付策略/合同　界定将用于项目的交付策略，将影响到实施，也将影响到应纳入合同中的内容。

2.3　基于 BIM 的保障措施

1. 组织保障

实施"一把手工程"，由项目经理牵头，成立项目 BIM 团队，与公司 BIM 中心配合，形成分工明确的上下互动机制，推进项目 BIM 技术应用实施。项目 BIM 技术管理工作要求见表 2-1。

表 2-1　BIM 技术管理工作要求

关键活动	管理要求	时间要求	主责部门	相关部门	工作文件
BIM 策划立项	根据公司总体目标及各项目部目标制定年度 BIM 目标	年初	公司 BIM 工作站/组/中心	项目部	新开项目目标责任状相关目标
	新开项目在施工合同中建设方有 BIM 应用要求	按合同要求			
	立项为公司级、集团、总公司级 BIM 示范、课题工程	立项完成后			
项目 BIM 启动	由项目总工/技术负责人主持编制符合项目实际的"项目 BIM 技术实施方案"，报公司备案。列为公司级以上的 BIM 示范工程、BIM 重点工程项目的"项目 BIM 技术实施方案"由公司 BIM 工作站/组/中心审核并提出修改意见	开工一个月内	项目部	公司 BIM 工作站/组/中心	项目 BIM 技术实施方案
项目策划实施	立项后，项目部应立即组织实施，并注意工程实施过程中的积累与总结，形成有信息的模型、动画、论文、总结、过程记录等，积极参与公司组织的各项 BIM 工作	启动后	项目部	公司 BIM 工作站/组/中心	项目 BIM 技术研究应用点汇总表

（续）

关键活动	管理要求	时间要求	主责部门	相关部门	工作文件
公司过程监控	公司BIM工作站/组/中心按考核计划进行半年综合考核并提出调整意见，并将考核结果报公司主管领导审批	与工程同步	公司BIM工作站/组/中心	项目部	BIM技术项目检查表
考核	公司BIM工作站/组/中心按考核计划进行半年综合考核并提出调整意见，并将考核结果报公司主管领导审批	半年	公司BIM工作站/组/中心	项目部	BIM应用情况考核评价表
总结及资料归档	项目实施完毕并对实施效果进行总结，项目应形成模型、族、工法、论文、课题总结等成果，并纳入公司科技资源库；项目应形成BIM团队人员信息表，并将人员技能分级，汇入公司BIM人才库中	工程完成后两月内	项目部	公司BIM工作站/组/中心	相应电子版文件

2. 人员保障

项目实施过程中应保证足够数量的 BIM 实施人员，针对 BIM 技术应用实施具体需求，对 BIM 参与人员进行分类，见表2-2。

表2-2　BIM 参与人员分类

人员类别	人员要求	人员来源
BIM专业人员	掌握常规BIM软件操作；掌握主流BIM应用实施方法体系	（1）BIM团队成员 （2）土木工程相关专业应届毕业生，以及工作1～3年的技术人员
BIM实施人员	熟悉主流BIM应用平台基本操作；熟悉主流BIM建模软件基本操作	（1）土木工程相关专业应届毕业生 （2）项目技术、机电、商务、工程、物资等部门相关人员
BIM决策人员	掌握主流BIM理论体系；熟悉主流BIM应用平台等	项目部门经理以上管理人员

3. 制度保障

（1）模型审核制度　BIM 模型的审核是确保最终模型准确性的重要手段。审核的主要目的是保证模型与设计图、现场施工一致。

1）模型自查。土建工程师建立好轴网标高，与其他专业共用，各专业在各自的专业图纸上通过共享的轴网标高建立专业 BIM 模型。模型建好后，整合交付前应对照图纸进行模型与图纸的校对自查。

2）模型会审。

①会审单位。在 BIM 模型按照施工图建立完成并自查后，由 BIM 团队牵头组织参建各方进行阶段性的模型会审。

②会审流程。会审主要为了解决专业自身和专业与专业之间存在的各种矛盾及配合问题，会审结束之后形成会审记录表，并在规定时间内整改完成，所有资料应该签字确认后归档管理。

在会审之前，项目 BIM 团队及各专业对模型情况进行说明，各参建方结合自身需求对模型进行检查，并提出要求，如有必要可以进行模型链接整合，发现问题，解决问题。

BIM 团队对各专业 BIM 模型进行整合、检查、生成碰撞检查报告，会审之后相关单位对模型进行修改调整，直至生成零碰撞的碰撞报告后才算审核合格。

（2）质量保障制度　施工团队应该明确 BIM 应用的总体质量控制方法。确保每个阶段信息交换前的模型质量，所以在 BIM 应用流程中要加入模型质量控制的判定节点。每个 BIM 模型在创建之前，应该预先计划模型创建的内容和细度、模型文件格式，以及模型更新的责任方和模型分发的范围。项目经理在质量控制过程中应该起到协调控制的作用，作为 BIM 应用的负责人应该参与所有主要 BIM 协调和质量控制活动，负责解决可能出现的问题，保持模型数据的及时更新、准确和完整。

伴随深化设计评审、协调会议或里程碑节点，都要进行 BIM 应用的质量控制活动。在 BIM 策划中要明确质量控制的标准，并在施工团队内达成一致。国家的设计交付深度，以及模型细度要求都可以作为质量控制的参考标准，质量控制标准也要考虑业主和施工方的需求。质量控制过程中发现的问题，应该深入跟踪，并应进一步研究和预防再次发生。

（3）会议制度

1）会议目的：BIM 实施情况的及时沟通，保证各部门及各参与方之间能够有效协同开展工作。

2）会议主持与记录：例会由项目经理召集，形成会议记录签字后发放。

3）参会人员：各业务部门负责人员、项目 BIM 团队成员、各专业负责人、施工过程中涉及的其他 BIM 相关人员。

4）召开时间：每周组织 BIM 会议，必要时组织专业协调会议或重要问题的专题会议。根据项目应用情况，需要时可随时召开 BIM 会议。

5）会议内容：各部门及各专业 BIM 工作情况汇报，需要协调解决的问题；提醒各业务部门的工作内容，并对是否存在工期和成本影响做出预警；研究并制定下一阶段的工作计划；解决各专业间 BIM 工作协调问题。

会议均需形成且签发会议纪要，并归档管理，纪要内容应至少包含会议时间、会议议题、主持人、记录员、与会人员、详细会议内容、形成结果等。

根据项目 BIM 实施反馈相关数据信息进行针对性例会讨论，见表 2-3。

表 2-3　BIM 例会制度

会议类别	例会时间	参会人员	会议地点	会议主要内容
项目 BIM 周例会	每周	项目 BIM 团队成员	项目	本周工作完成情况和下周工作计划
项目 BIM 月例会	每月	项目 BIM 实施人员、项目各职能部门负责人	项目	（1）上一月 BIM 工作问题总结，应用问题汇总记录，会后呈报公司 BIM 中心 （2）根据 BIM 中心例会会议要求安排本月 BIM 实施工作 （3）汇总并整理 BIM 应用实施留痕
专项 BIM 工作会	项目重大节点	项目经理、项目各职能部门负责人、项目 BIM 实施人员	项目	（1）项目重大节点期间 BIM 应用计划 （2）该期间 BIM 应用重点工作安排 （3）应用方法讨论及应用点论证

（4）培训制度　项目管理团队需在进场前进行 BIM 应用基础培训，掌握一定的软件操作及相应的模型应用能力。项目在整体实施过程中，也应建立健全 BIM 培训制度，规定参与培训人员、培训内容及培训频次。

根据 BIM 应用深度需求不同，对 BIM 培训做如下四个阶段划分，见表 2-4。

表 2-4　BIM 培训阶段划分

培训阶段	培训内容	培训人员
BIM 理论体系阶段	（1）BIM 概念 （2）国家及集团 BIM 推行政策解读 （3）BIM 的优势及应用方向介绍 （4）公司 BIM 应用现状及计划	项目全员
BIM 实施应用阶段	项目实施过程管理中的创新应用、亮点应用、常规应用	BIM 实施人员
应用方法体系阶段	针对不同项目属性及不同应用方向，BIM 应用的具体方法体系	BIM 决策人员 BIM 实施人员
软件操作阶段	（1）常规 BIM 建模软件（例：Revit） （2）BIM 管理平台软件（例：广联达 BIM 5D） （3）数据模型处理软件（例：Navisworks） （4）其他相关 BIM 辅助软件（例：Lumion）	BIM 实施人员 BIM 专业人员

（5）考核制度　项目经理应按月牵头组织项目部对应用情况自查并填写"BIM 技术项目检查表"，汇集成果并形成自查报告。对每次考核检查中存在的问题，制定改进措施，并进行整改提升和检查复核。

2.4　练习与思考题

1. 项目 BIM 应用执行步骤是什么？
2. 确定模型信息交换的需求的主要工作程序有哪些？
3. 编制 BIM 实施计划应包含哪些信息？
4. BIM 信息交换通常包含哪些信息？
5. 如何保障 BIM 项目顺利实施？

建模实践篇

第3章　基于 Revit 的 BIM 建模标准化管理

知识目标

1. 了解项目样板的意义及内容。
2. 熟悉项目样板的创建流程及步骤。
3. 掌握项目样板参数的设置内容。

技能目标

1. 能够创建 Revit 样板文件。
2. 能够运用 Revit 软件设置项目样板参数。

3.1　项目样板

3.1.1　项目样板意义与内容

1. 项目样板的意义

不同国家、行业和项目适用的 BIM 建模标准和具体内容有所不同。因此，Revit 软件自带的基础样板无法完全满足实际项目的建模需求。为了更好地进行项目 BIM 模型创建和成果交付，需要根据项目实际需求设置相关参数，建立定制化的项目样板文件，确保基于项目样板创建的 BIM 模型满足相关建模要求。项目样板的主要作用是在 BIM 建模之前，对表达样式、查看方式、构件样式、族、绘制图纸等内容进行统一规定和设置。一方面为建模工作提供基础，规范 BIM 模型创建过程，减少不必要的重复工作，提高建模效率，缩短建模时间；另一方面便于 BIM 项目负责人管理 BIM 建模工作。项目样板一般在项目开始前，由 BIM 项目负责人或各专业负责人按照项目需求进行项目样板的制作，各专业 BIM 建模工程师以此项目样板进行模型搭建工作。

2. 项目样板的内容

项目样板通常由项目设置（项目单位、项目信息、MEP 设置、项目参数与共享参数）、浏览组织（视图组织、图纸与组织管理）及预置族三大基本设置模块组成，也可根据项目实际需求增加项目样板设置内容。三大基本设置模块中具体设置分项的内容如下。

1）项目单位是对模型尺寸单位的设置。

2）项目信息是设置整体模型的信息参数。

3）MEP 设置是针对机电专业通过设置过滤器区分专业系统的设置。

4）项目参数与共享参数是对模型构件参数的设置。

5）视图组织是对模型建立过程中产生的视图进行的管理设置。

6）图纸与组织管理是对图纸和图纸列表的管理设置。

7）预置族是通过对软件自带的构件族进行重命名、系统设置建立项目族的设置。

3.1.2 项目样板建立

（1）软件操作 打开 Revit→主界面单击"新建"→弹出界面选择对应专业样板→新建栏中选择"项目样板"→单击"确定"进入项目样板的设置界面，如图3-1所示。

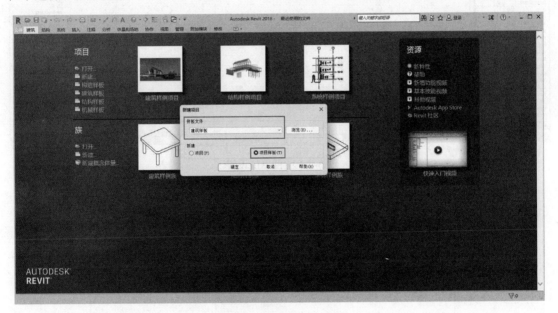

图 3-1 新建项目样板

（2）默认样板的选择 建筑专业选择建筑样板，结构专业选择结构样板，机电专业选择机械样板。

3.2 项目设置

项目设置主要是对包括项目单位、项目信息、MEP 设置、共享参数与项目参数 4 个具体分项的设置，其目的是完成项目样板对于单位、信息、机电专业系统过滤器设置、参数共享及设置的统一。项目设置对项目整体 BIM 模型建立来说是最基本也是最重要的设置内容。

3.2.1 项目单位

项目单位是设置模型建立使用的标准单位，单位包括公制单位：米（m）、厘米（cm）、毫米（mm）。英制单位：英寸、英尺等。在软件中直接通过"项目单位"进行设置。

（1）软件操作 单击"管理"选项卡→选择"项目单位"→"项目单位"对话框选择对应的规程→"规程"菜单中选择对应的分组→单击相应单位格式栏→"格式"对话框修改单位、小数位数、单位符号等内容，如图3-2和图3-3所示。

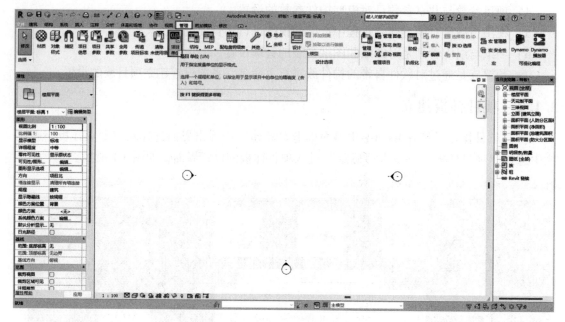

图 3-2　项目单位设置

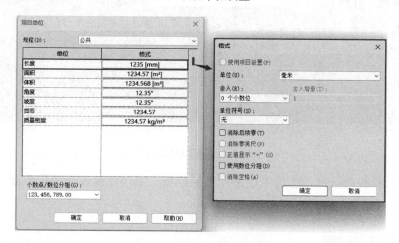

图 3-3　项目单位具体设置

（2）项目单位一般设置　长度单位：毫米（mm），舍入"0 个小数位"。面积单位：平方米（m²），舍入"2 个小数位"。体积单位：立方米（m³），舍入"3 个小数位"。角度单位：度（°），舍入"2 个小数位"。坡度：百分比（%），舍入"2 个小数位"。

3.2.2　项目信息

项目信息的设置是根据 BIM 模型所属项目的实际情况添加项目发布日期、项目状态、客户姓名、项目地址、项目名称、项目编号等项目信息。项目信息里添加的内容会体现在后期基于 Revit 模型出具的图纸上。

软件操作：单击"管理"选项卡→选择"项目信息"→"项目属性"对话框修改、添加，如图 3-4 和图 3-5 所示。

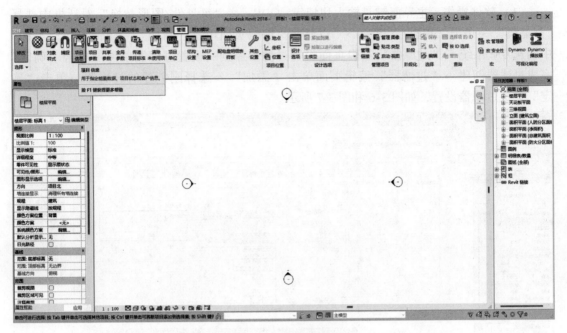

图 3-4   项目信息设置

图 3-5   项目信息具体设置

3.2.3   MEP 设置

MEP 是建设工程机电专业的统称，而机电各专业如给水排水、电气及暖通专业下还包括很多细分的专业系统，为了在模型建立过程中进行更加精准的分类设置和修改，一般需要通过设置过滤器来区分不同的 MEP 专业，主要原理是对不同的 MEP 专业或者构件设置关键信息。

（1）软件操作 主界面键盘输入快捷键"VV"→"可见性/图形替换"对话框中选择"过滤器"→单击"编辑/新建"→"过滤器"编辑页面单击"新建"→重命名→"类别"中勾选专业系统→"过滤器"编辑页面设置过滤器原则→设置过滤器条件→单击"确定"完成过滤器创建→"过滤器"编辑页面单击"添加"→选择刚创建的过滤器→单击"确定"完成过滤器设置，如图3-6和图3-7所示。

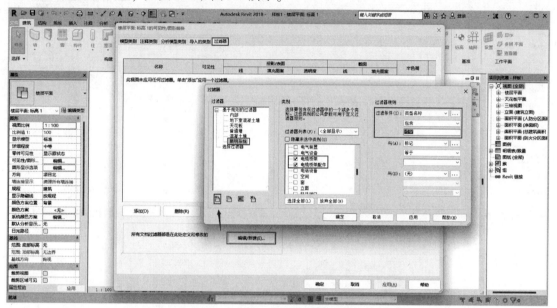

图3-6 MEP过滤器创建设置

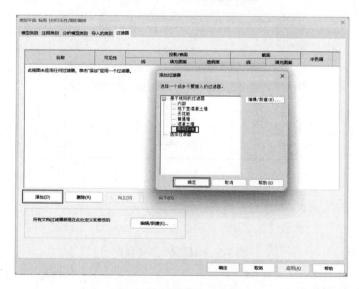

图3-7 MEP过滤器设置

（2）过滤器具体设置 关于过滤器具体设置的说明如图3-8所示。

1）可见性：设置该专业系统是否在本视图中显示。

2）线：设置该专业系统边线的显示线型。

3）填充图案：设置该专业系统的颜色及表面的填充图形。

4）透明度：设置该专业系统的透明度。

5）半色调：设置该专业系统的整体色调及透明度。

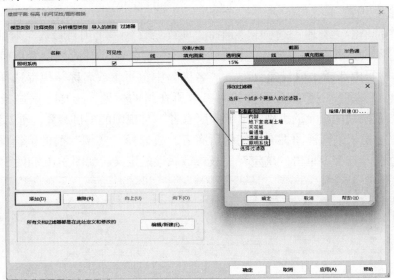

图 3-8　MEP 过滤器具体设置

在当前视图建立的过滤器可应用到其他视图，以便在项目模型建立过程中使用。

软件操作：单击"视图"选项卡→选择"视图样板"→"将样板属性应用于当前视图"→选择含过滤器的视图样板，仅勾选替换过滤器即可，如图 3-9 所示。

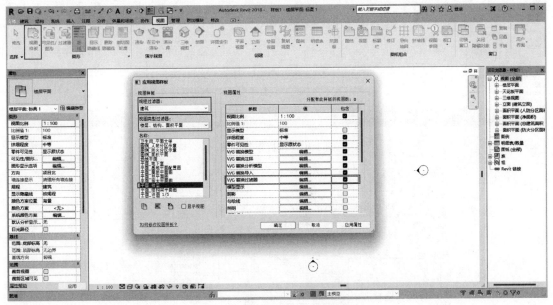

图 3-9　过滤器替换到其他视图

3.2.4　项目参数与共享参数

1. 项目参数及共享参数内容

项目参数和共享参数是对构件属性信息的扩展，通过设置项目参数可对构件添加相关信息。项目参数的设置只面向当前项目，共享参数还可应用到其他项目。项目参数的设置可以选择参数名称和类型等条件，一个项目参数可以选择多个类型。

2. 项目参数设置

软件操作：单击"管理"选项卡→选择"项目参数"→"项目参数"对话框中设置项目参数属性，不设置可跳过→单击"添加"→"参数属性"对话框设置项目参数条件→"参数类型"栏目中选择"项目参数"→"名称"中填写参数名称→规程选择"公共"→参数类型选择"文字"→参数分组方式为参数所在组的标题，选择"限制条件"→"类别"为项目参数限制的图元的类别，由于"所有者"是视图的项目参数，所以找到"视图"并勾选复选框→由于不同视图拥有不同的所有者，故选择"实例"前的单选框→选择"按组类型对齐值"单选框→单击"确定"完成参数属性的定义，如图 3-10 和图 3-11 所示。

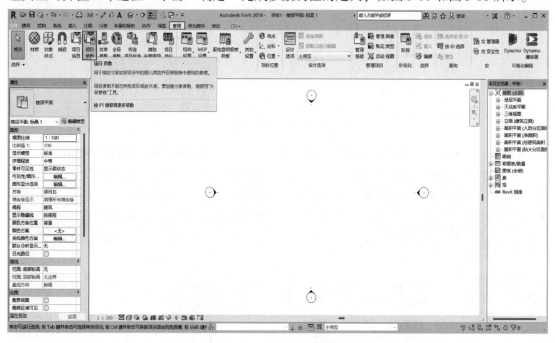

图 3-10　项目参数创建

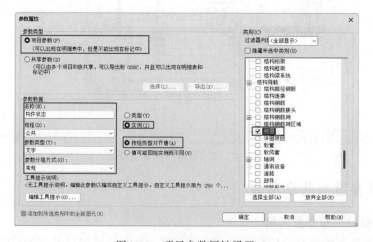

图 3-11　项目参数属性设置

3. 共享参数设置

软件操作：单击"管理"选项卡→选择"共享参数"→"编辑共享参数"对话框中设置共享参数属性，不设置可跳过→单击"创建"→"创建共享参数"对话框定义共享参数文件的路径和文件名→单击"保存"生成共享参数 txt 文件→"编辑共享参数"对话框创建共享参数组→单击"组"下的"新建"→"新参数组"对话框填写共享参数的组名→单击"确定"→单击"参数"下的"新建"→"参数属性"对话框填写共享参数名称→规程选择"公共"→参数类型选择"文字"→单击"确定"→再单击"确定"退出"编辑共享参数"对话框完成共享参数的定义，如图 3-12～图 3-15 所示。

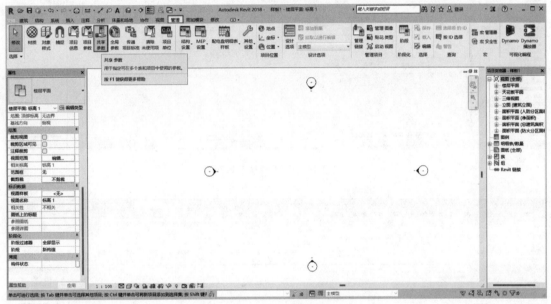

图 3-12　创建共享参数

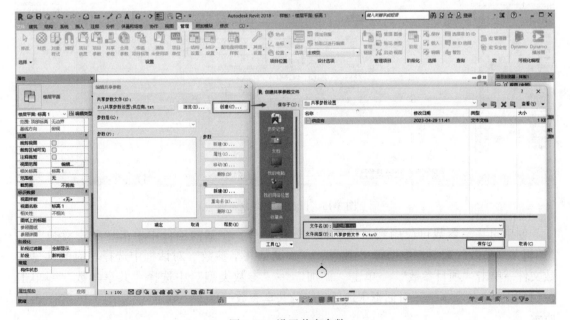

图 3-13　设置共享参数

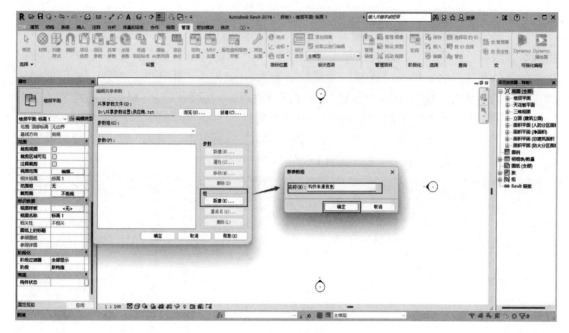

图 3-14　新建共享参数组

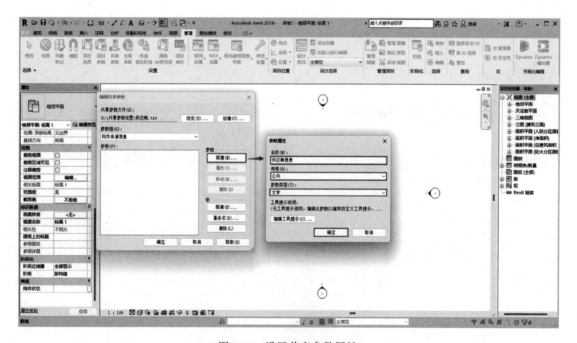

图 3-15　设置共享参数属性

创建的共享参数可应用到其他项目。软件操作：在新的项目中单击"共享参数"→"编辑共享参数"对话框中选择"浏览"→"浏览共享参数"对话框中选择相应的共享参数文件→单击"项目参数"→单击"添加"→"参数类型"中选择"共享参数"→单击"选择"→"共享参数"对话框中选择相应的共享参数→单击"确定"，如图 3-16 和图 3-17所示。

图 3-16　设置共享参数属性

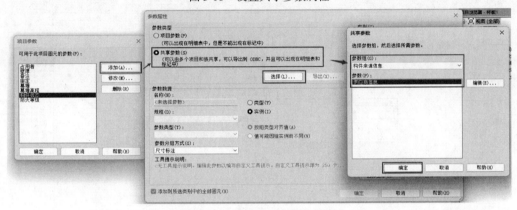

图 3-17　设置共享参数的共享

3.3　浏览组织

浏览组织是为了方便后期项目模型使用而进行的浏览视图的归类管理，还可提高 BIM 出图的效率。

3.3.1　视图组织

1. 视图组织内容

（1）视图目录树的建立　视图相当于将当前软件操作界面设置标签予以保存，单击保存的视图即可实现视图的快速跳转。视图目录树通过将视图的项目参数添加到视图浏览器建立而成，浏览器组织按照设置的项目参数进行目录树的显示。

（2）视图目录树的层级结构　应根据项目需求构建，一般按照模型应用进行设置，比如可按 "01 建模" "02 提资" "03 出图" "04 展示" 等模型应用阶段进行设置。

"01 建模"：用于模型的建立而设置的三维、剖面、专业系统平面、楼层平面、立面等视图。

"02 提资"：用于提资而设置的结构平面、建筑平面等视图。

"03 出图"：用于出图而设置的剖面、关键节点平面、复杂设备机房三维、大样、防火分区、净高分析、协调等视图，视图设置依据需求进行建立，原则是为了提高模型应用效率。

"04 展示"：用于展示而设置的三维节点视图。

完成视图归类后，也应按照项目标准对视图进行命名。需要注意的是，Revit 中视图不能重名。

2. 视图目录树设置

（1）建立视图浏览器　软件操作：完成相关项目参数的设置→右键单击"项目浏览器"中"视图（全部）"→单击"浏览器组织"→"浏览器组织"对话框单击"视图"选项卡下的"新建"→"创建新的浏览器组织"对话框填写浏览器组织名称→单击"确定"→"浏览器组织属性"对话框切换至"成组和排序"选项卡→单击"成组条件"右侧的下拉菜单，选择"工作视图"→在"否则按"下拉菜单中选择"阶段"→单击"确定"完成浏览器组织属性的配置→返回"浏览器组织"对话框→单击自定义浏览器名称"×××"复选框→单击"确定"完成浏览器组织的创建，如图 3-18 和图 3-19 所示。

图 3-18　创建新的浏览器组织

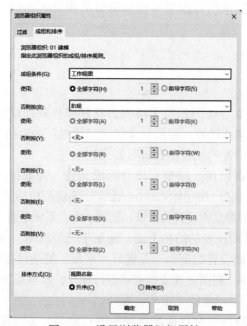

图 3-19　设置浏览器组织属性

（2）将视图放置于指定目录　视图浏览器配置完成后，对于未定义的视图软件会自动划分为"???"目录中，需要进一步对划分到该目录下的视图进行视图参数设置，使其正确归类至相应的目录中。

软件操作："项目浏览器"中点选需要设置的视图→"属性"面板中"阶段分类"中填写对应"阶段分类"→即完成当前视图归入设置的目录中，如图 3-20 所示。

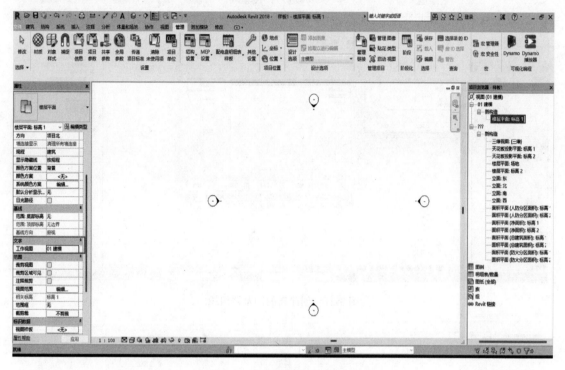

图 3-20　视图放置于指定目录

3.3.2　图纸与组织管理

1. 图纸管理内容

图纸是 Revit 为了配合建设工程项目出图的需求而设置的一个嵌套组，本质就是一个图纸的外框，将"03 出图"的视图与图框族组合即可生成一张完整的图纸。图框族的信息载体为其中的"标签"。标签的内容可以手动直接输入，也可以与相关的参数联动。对于需要签名的内容，可以将电子签名做成图例插入，也可以打印图纸后再签名。对于一些较大的工程，图纸数量较多。这种情况下就需要对图纸进行分类管理，以便进行查找等操作。

2. 图纸目录树的创建

软件操作：完成相关项目参数的设置，参数属性的"类别"勾选"图纸"→右击"项目浏览器"中"图纸（全部）"→单击"浏览器组织"→"浏览器组织"对话框单击"图纸"选项卡下的"新建"→"创建新的浏览器组织"对话框，填写浏览器组织名称"×××"→单击"确定"→"浏览器组织属性"对话框切换至"成组和排序"选项卡→单击"成组条件"右侧的下拉菜单，选择"图纸视图"→在"否则按"下拉菜单中选择"图纸

名称或者编号"→单击"确定"完成浏览器组织属性的配置→返回"浏览器组织"对话框→
单击"×××"复选框→单击"确定"完成浏览器组织的创建，如图 3-21 ~ 图 3-23 所示。

图 3-21　创建新的浏览器组织

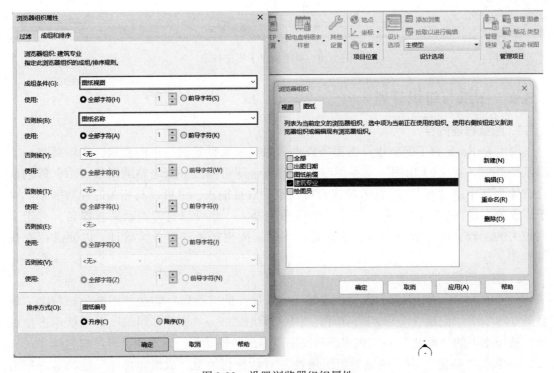

图 3-22　设置浏览器组织属性

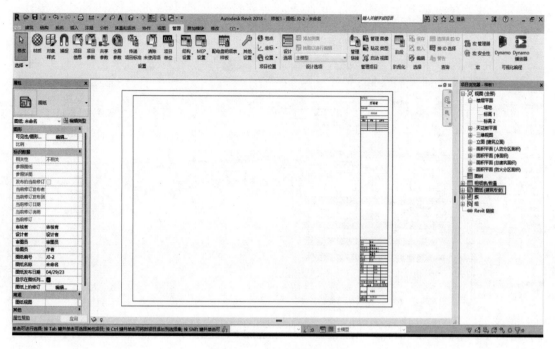

图 3-23　建立图纸目录树

3.4　预置族

3.4.1　土建专业

使用 Revit 自带的系统族即可满足一般的土建专业建模需求。本节以建筑墙预置族为例讲解土建专业预置族设置方法，其他土建专业构件与之类似。需要注意的是，使用系统族创建 BIM 模型时，通常通过复制系统族形成项目族，不建议直接使用系统族，以免改变 Revit 自带系统族类型。

根据建筑设计图及设计说明选择建筑墙体类型，并严格参照命名标准进行墙体命名。根据内外墙分类，将类型属性中的"功能"设置为"内部"或者"外部"。在项目样板制作过程中自定义墙系统族，单击"建筑"选项卡下"墙"，在下拉菜单中选择"墙：建筑"。单击"属性"面板中"编辑类型"，弹出"类型属性"对话框。单击"复制"，弹出"名称"对话框。在对话框中输入自定义墙类型的名称，单击"确定"，返回"类型属性"对话框，如图 3-24 所示。

单击"类型参数"栏目中"建筑"一栏的"编辑"，弹出"编辑部件"对话框。在"编辑部件"对话框中，编辑"厚度"的值。单击"材质"栏目中 < 按类别 > 右侧的"..."，弹出"材质浏览器"对话框。在"材质浏览器"对话框中，可为墙选择默认的材质，如"混凝土砌块"。选择完毕后，单击"确定"，返回"材质浏览器"对话框，单击"确定"，完成材质及图元填充的定义，返回"编辑部件"对话框。单击"确定"完成墙类型的定义，如图 3-25 所示。

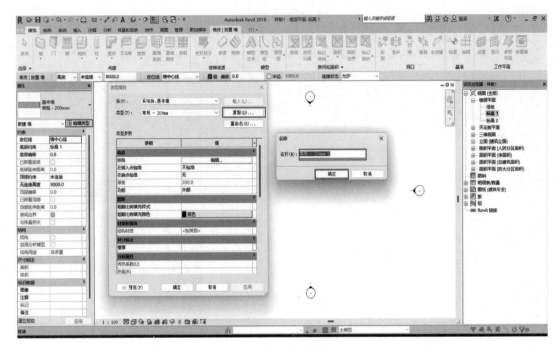

图 3-24　新建墙

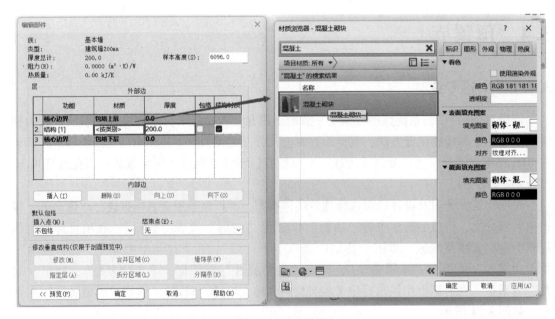

图 3-25　设置墙属性

在建模过程中，可在墙类型基础上进行复制操作，根据项目需要定义其厚度、材质等参数。

3.4.2　机电专业

在 Revit 中创建机电专业模型需要同时调用三个大类的族，分别为系统族、管道族及管道附件族。系统族用于控制在模型中的表现形式和系统特性；管道族用于控制管道尺寸、管件选用及组织，管道附件族内嵌在其中。

以风道为例，在 Revit 中创建风道需要调用两个族：风管族和风管系统族。风管族用于控制风道尺寸、管件选用组织；风管系统族用于控制在模型中的表现形式和特性。风管族的设置有利于材料的统计；风管系统族有利于在模型中的识别以及不同系统的正确连接。需要注意的是，风管系统在连接设备时，与其连接的是"连接件"，"连接件"可以加载流体进出属性。当进行连接操作时，如果"连接件"预设的流体方向与风道内流体方向不一致，就会出现不能连接或是从设备上引出风道颜色变化的错误。风管系统族中预置三种系统：送风、回风及排风。创建系统时，应根据新系统内流体方向从这三种系统中复制后改名新建而成。例如："新风"基于"送风"复制而成，"排烟"基于"排风"复制而成，"风机盘管回风风道"基于"回风"复制而成。

以下以回风系统为例，对操作方式进行详细说明。

1. 风管系统

1）项目浏览器→族→风管系统→风管系统。

2）右键单击"回风"→复制→重命名为"回风"。

3）双击新建的系统"回风"，打开"类型属性"对话框。

①单击"图形"选项卡中的"编辑"。不指定具体线宽，后期使用视图样板时对线宽进行单独控制。颜色按照 MEP 颜色表中给出的相应系统颜色数值进行设定，填充图案也选择"＜无替换＞"。若填充图案选定了线型，在各个视图内风道无法按可见性中设定的风道线型进行显示。设定完成后单击"确定"，返回"类型属性"界面，如图 3-26 所示。

图 3-26　设置风管系统图形替换

②"材质和装饰"选项卡中，单击"＜按类别＞"旁边空白处的圈可显示下拉菜单，

单击进入材质浏览器。

4）在"材质浏览器界面"中：

①在界面左侧选择与系统相应的材质，右键单击复制，将复制所得新材质重命名为"×××"。

②在界面右侧"图形"选项卡中，依据 MEP 颜色表将"着色""表面填充图案""截面填充图案"三项中的颜色数值调整为相应系统颜色，填充图案选择"实体填充"。设定完毕后，单击"确定"返回"类型属性"界面，如图 3-27 所示。

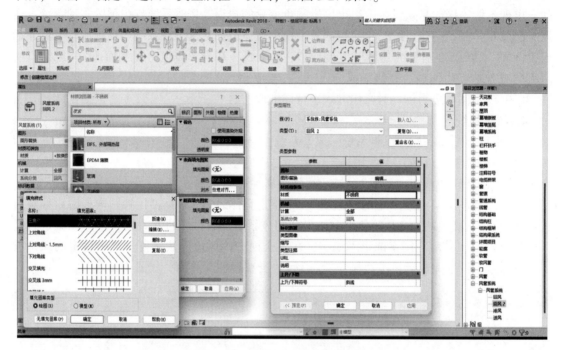

图 3-27　设置风管系统材质和装饰

5）"类型属性"界面→标识数据→缩写，更改为系统相应缩写。

2. 风管附件

1）项目浏览器→族→风管管件→矩形 T 形三通-斜接-法兰。

2）右键单击预设管件"标准"并复制，重命名为"×××"。其他管件处理方法相同，如图 3-28 所示。

3. 风管

1）项目浏览器→族→风管→矩形风管。

2）右键单击"矩形风管"→复制→重命名为"回风"。

3）双击新建的风管"回风"打开"类型属性"对话框，单击"管件"选项卡中的"编辑"打开布管系统配置。

4）单击各项下拉菜单，选择在风管管件中设定好的相应管件。

5）通过"首选连接类型"中选择"三通"或"接头"来进行"连接"中不同管件的设置。全部管件设置完毕后单击确定。其中，首选连接类型选项卡中"T 形三通-斜接"与"45 度接入-法兰"，应依据管径、管材、管路实际排布予以确定，如图 3-29 所示。

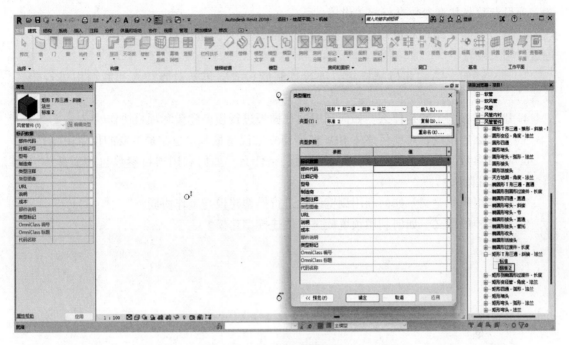

图 3-28　新建风管附件

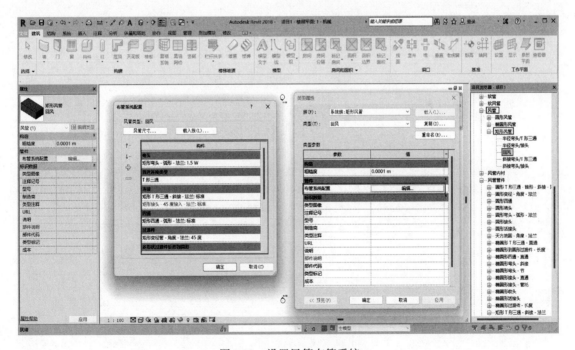

图 3-29　设置风管布管系统

3.5　练习与思考题

1. 建立建筑、结构和机械样板，进行项目设置，包括对项目单位、项目信息、MEP 设置、项目参数与共享参数进行相关设置。

2. 建立建筑、结构和机械样板，进行浏览组织设置，包括对视图组织、图纸与组织管理进行相关设置。

3. 建立建筑、结构和机械样板，进行预制族设置，包括对族载入和族调用进行相关设置。

4. 项目样板的意义是什么？如何利用项目样板进行模型建模和项目协作？

5. 为什么项目设置对项目整体 BIM 模型建立来说是最基本也是最重要的设置内容？

6. 项目参数与共享参数对项目样板的意义是什么？如何利用项目参数与共享参数进行模型构件属性附加？

7. 浏览组织的意义？如何利用浏览组织进行模型建模与工作协同？

8. 预置族的意义？如何利用预置族进行快速模型建模？

第4章 结构专业 BIM 建模

知识目标

1. 了解结构专业构件类型及结构基础知识。
2. 熟悉 Revit 结构专业 BIM 建模流程。
3. 掌握结构专业 BIM 建模方法以及利用 Revit 插件快速建模方法。

技能目标

1. 能够运用 Revit 进行结构专业 BIM 建模样板设置。
2. 能够根据结构专业图纸运用 Revit 进行结构专业 BIM 建模。
3. 能够应用 Revit 插件进行结构专业 BIM 快速建模。

4.1 结构专业内容

在结构专业 BIM 建模前，需先了解建筑结构方面的基础知识，以准确识图和创建结构专业构件，避免出现识图和建模错误。

4.1.1 结构体系

结构建模前，首先要熟悉建筑结构形式，常见的建筑结构形式见表4-1。

表4-1 常见的建筑结构形式

结构形式	描述
框架结构	框架结构同时承受竖向荷载和水平荷载。其主要优点是建筑平面布置灵活，主要缺点是侧向刚度较小，当层数较多时，会产生过大的侧移。在非地震区，框架结构一般不超过15层。风荷载和地震力可简化成节点上的水平集中力进行分析
剪力墙结构	剪力墙结构利用建筑物的墙体（内墙和外墙）做成剪力墙来抵抗水平力。对于高层建筑，主要荷载为水平荷载，墙体既受剪又受弯，所以称剪力墙。剪力墙一般为钢筋混凝土墙，厚度不小于160mm。剪力墙的墙段长度不宜大于8m，适用于小开间的住宅和旅馆等。剪力墙结构可以适用于高度不超过180m的建筑结构
框架-剪力墙结构	剪力墙主要承受水平荷载，框架主要承受竖向荷载。框架-剪力墙结构可以适用于高度不超过170m的建筑结构。横向剪力墙宜均匀对称布置在建筑物端部附近、平面形状变化处。纵向剪力墙宜布置在房屋两端附近。在水平荷载的作用下，剪力墙好比固定于基础上的悬臂梁，其变形为弯曲型变形，框架为剪切型变形

（续）

结构形式	描述
筒体结构	筒体结构可分为框架-核心筒结构、筒中筒结构以及多筒结构等。内筒一般由电梯间、楼梯间组成。内筒与外筒由楼盖连接成整体，共同抵抗水平荷载及竖向荷载。筒体结构可以适用于高度不超过300m的建筑结构

4.1.2 结构构件

建筑结构一般都是由以下结构构件组成，如图4-1所示。

（1）水平构件 用以承受竖向荷载的构件。常见的水平构件包括：①板，如楼板、屋面板等；②梁，如主梁和次梁；③纵桁、网架梁等。

（2）竖向构件 用以支撑水平构件的构件。常见的竖向构件包括：①结构墙；②结构柱。

（3）基础 用以将建筑物所承受的所有荷载传至地基的构件。常见的基础包括：①条形基础；②独立基础；③桩基础；④筏形基础等。

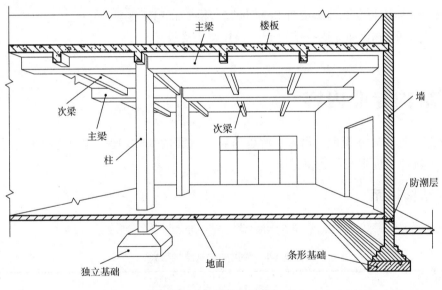

图4-1 建筑结构的构件组成

4.1.3 结构材料

结构材料是构成结构构件的基本元素，其质量和性能直接影响建筑的安全性、稳定性和耐久性。常见的几种基本结构材料见表4-2。

表4-2 常见的基本结构材料

结构材料	描述
混凝土	混凝土是一种由水泥、砂子、骨料和水按一定比例掺和而成的人造石材。它具有重量轻、耐火、耐水和抗震性能好等优点，是建筑结构中最常用的材料之一。根据强度等级和用途的不同，混凝土可以分为普通混凝土、高强混凝土和特种混凝土等

（续）

结构材料	描述
钢材	钢材具有强度高、延展性好和韧性好等特点，广泛应用于建筑结构中。根据成分、性能和用途不同，钢材可以分为碳素结构钢、合金结构钢和不锈钢等。常见的建筑结构钢材有角钢、H型钢和管道钢等
砖	砖是一种由黏土、石灰和其他材料烧制而成的建筑材料，具有重量轻、防火、保温、隔声等优点。根据成分、压力强度和尺寸等不同，砖可以分为普通砖、轻质砖和空心砖等
石材	石材具有硬度高、抗压和抗冲击等优点，是一种常用的建筑装饰材料。常见的石材有大理石、花岗石和石灰石等
木材	木材是一种自然材料，具有质轻、保温和隔声等特点，常用于建筑结构中的屋架、楼板和隔墙等部位。根据不同的树种和用途，木材可以分为松木和橡木等
玻璃	玻璃是一种透明的建筑材料，具有透光、保温和隔声等特点。在建筑中常用于窗户、门、隔断和幕墙等部位

4.1.4　钢筋工程

钢筋工程是混凝土工程中非常重要的部分。钢筋具有高强度、高韧度、易于生产和生产成本低的优点。同时，钢筋也具有一些缺点，如易受腐蚀和锈蚀、易受高温影响、易疲劳等。钢筋本身的质量和施工质量直接影响混凝土工程的安全性和耐久性。因此，工程中必须高度重视钢筋工程，严格按照规范要求进行设计、制作和施工。在 BIM 建模过程中，钢筋建模也是非常重要的内容。

钢筋可分为普通碳素结构钢筋和低合金高强度钢筋两种。普通碳素结构钢筋按其化学成分分为普通碳素结构钢和碳素锰钢，常用的有 HRB335、HRB400 和 HRB500 等级别。低合金高强度钢筋按其化学成分分为低合金高强度钢和微合金高强度钢，常用的有 HRB400E、HRB500E 等级别。除了国内常用的等级，国际上也有不同标准的等级，如美国的 ASTMA615 等。

钢筋的生产工艺一般包括炼钢、铸钢、轧制和冷加工等环节。生产出来的钢筋需要经过剪切、弯曲、拉伸等加工工艺才能满足不同建筑结构的使用要求。

钢筋在生产和使用中需要进行各种性能检测，包括化学成分检测、力学性能检测、金相检测和超声波检测等。上述检测可以有效保证钢筋的质量和性能符合标准规范，从而保障建筑结构的安全性和可靠性。

4.2　快速建模

4.2.1　插件介绍

目前，市面上有多款插件可以与 Revit 配合使用完成相关专业的快速建模，详见表 4-3。

表 4-3　插件类别及代表性产品

插件类别	代表性产品
翻模类	翻模大师（建筑＋机电）、橄榄山、ISBIM、品茗智能建筑、天正等
族库	族库大师、E 族库、橄榄山、族 GO、型兔、呆猫、NBIMER 等
编程类	Dynamo 等
功能类	橄榄山、易模、MAGICAD、理正、鸿业、速博、PDST、易蜀等

其中，橄榄山快模提供了 50 多种贴近用户需要的软件功能，适用于建筑、结构和喷淋等专业的快速翻模，扩展提高了 Revit 的快速建模能力，可有效提高 BIM 工程师创建模型的便捷性和工作效率。本书将基于橄榄山快模软件进行快速建模应用。

4.2.2　操作步骤

1. CAD 处理

1）启动 AutoCAD，打开目标 DWG 文件。如果出现缺少一个或多个 SHX 文件，说明图纸字体缺失，选择替换为国家标准字体，如图 4-2 所示。

图 4-2　图纸缺失字体提示

2）如果当前图纸的坐标系不是世界坐标系，需将当前坐标系设置为世界坐标系。如果无法确定是否为世界坐标系，输入 UCS，单击回车键。然后，输入 W，单击回车键（可以提前进行源文件备份）。关闭与建筑结构（轴线、轴号、梁、柱子、墙体或其他注释等）无关的图层，可提升构件识别效果。

3）在 CAD 功能区的"橄榄山快模"选项卡中启动"结构 – 导出结构 DWG 数据"工具，如图 4-3 所示。此时会弹出对话框（或者可以输入 RW 命令来启动该工具），如图 4-4 所示。

图 4-3　导出结构 DWG 数据

图 4-4 结构 DWG 数据导出界面

①单击"清空图层设置"，可以快速将对话框中上一次提取到的数据信息进行清除。

②单击"点选轴线"，此时鼠标指针将变为已拾取状态。然后拖拽鼠标指针至图纸中的轴线上方（任意轴线），并单击鼠标左键拾取轴线所在图层，拾取完成后该图层会被隐藏，同时文本对话框中会提示已提取到的图层名称（若图纸中轴线存在多个图层，则拾取每个图层）。

③单击"点选轴号"，拖动鼠标指针至轴号上方，单击鼠标左键进行拾取。

④单击"点选柱"，拖动鼠标指针至柱子上方，单击鼠标左键进行拾取（若图纸中柱子具有多个图层，则拾取所有图层）。

⑤单击"点选柱子标注引线"，拖动鼠标指针至引线上方，单击鼠标左键进行拾取，若图纸中无标注引线，可以不拾取（若柱子标注无引线，会在柱子周围一定范围内自动寻找编号）。

⑥单击"点选梁边线"，拖动鼠标指针至梁线上方，单击鼠标左键进行拾取，若梁有多个图层，依次全部拾取。

⑦单击"点选梁引线"，拖动鼠标指针至梁集中标注引线上方，单击鼠标左键进行提取，若引线有多个图层，依次全部拾取。

⑧单击"点选梁原位标注"，拖动鼠标指针至梁的原位标注上方，单击鼠标左键进行拾取，若梁原位标注有多个图层，依次全部拾取。

⑨单击"点选结构墙"，拖动鼠标指针至结构墙线上方，单击鼠标左键进行拾取，若墙体有多个图层，依次全部拾取；若图纸中无墙体，可不进行操作。

⑩单击"构件最大尺寸设置"。越接近图纸实际，提取模型的准确性越高，速度越快。所以需要用户指定相关内容。

"集中标注的多跨中柱子最大边长"：图纸中柱子的最大尺寸。

"最大梁宽"：图纸中尺寸最大梁的界面宽度。

"梁原位标注距离梁中心最大距离"：梁原位标注中心至梁中心位置的距离。

"最大墙宽"：图纸中最厚墙体的界面宽度尺寸。

"悬挑梁大于"：若需要将某些悬挑梁单独作为一跨，则需要指定判定条件，设定当悬挑长度大于多少时将该梁单独作为一跨。

4）指定导出文件所在的文件夹和名称，文件扩展名是 GlsS。

①若勾选"导出选中 DWG 到 Revit 模型里，自动链接到 Revit 里做底图"，则程序将自动对翻模区域进行拆图，并在翻模完成后将拆分后的图纸链接到 Revit 中作为底图，便于校验。

②单击"确定"，然后在图上指定对齐点，可以用 F3 键打开捕捉功能，实现精确捕捉。这个对齐点就是将来将模型插入 Revit 时的对齐点。主要功能是实现精确定位，以完成上下构件的准确对齐。

③框选需要输出的标准层（选择局部导出即可）。可以通过窗选、点选等几种方法选取需导出的构件。在选取时，必须先把当前 CAD 的视图调至以下状态：需要导出的楼层的图元在 AutoCAD 中要求全部可见，否则导出不全。将选中的、需要导出的图元在当前 CAD 视图中尽可能地最大化显示，这样识别 DWG 的信息速度较快，可节省翻模时间，如图 4-5 所示。

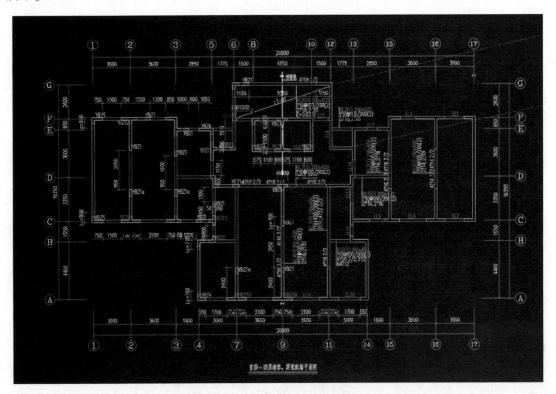

图 4-5　最大化当前所需导出的视图

2. Revit 操作

（1）操作要点　在"GLS 土建"选项卡中的"CAD 到 Revit 翻模"面板中启动"结构翻模 AutoCAD"。定位到需要翻模的橄榄山数据文件所在路径，并选择该文件（结构专业名称后缀是 GlsS）。

在弹出的对话框中设置构件的类型等信息，如墙的类别、柱类型、梁类型、导入构件的上下楼层、导入哪些构件等，如图 4-6 所示。

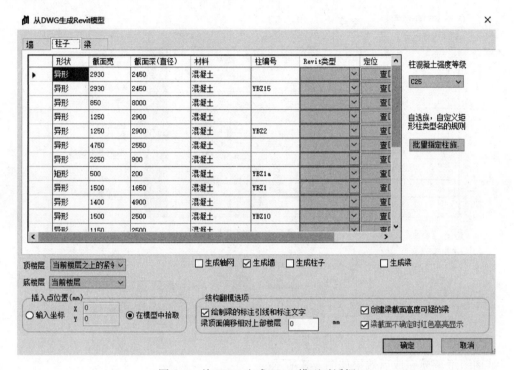

图 4-6　从 DWG 生成 Revit 模型对话框

1）墙的类型必须由用户指定。所指定的一般墙类型的核心层厚度可以与 DWG 中导出的墙厚度不一致，程序将会基于用户指定的墙类型复制出一个新的墙类型，并修改其核心层厚度等于 DWG 中墙的厚度，核心层两侧的保温装饰层厚度保持不变（下拉菜单中的可用墙体类型均是基于当前样板文件，程序其他涉及指定构件类型的下拉菜单中的类型也均是基于样板文件）。

2）柱子的界面尺寸、编号均支持自定义修改，可以通过在表格中双击进行修改。可以自定义指定柱子所使用的混凝土编号。

支持对柱子进行自定义命名，构件命名中包含了"楼层标高""截面宽度""截面高度""混凝土编号"和"构件编号"等 5 个字段信息，这里使用 5 个字母来分别代表每个字段，字母与其代表的内容在对话框中已经说明，可以通过修改字母的排序来控制构件的命名规则。例如对话框中给出的示例，若使用"F-N-B×H-C"（注意，此处"×"为乘号，并非英文字母 X）方式来进行命名的话，则最后的柱子的命名即为"Fl-KL1-300×500-C35"。

3）梁的界面尺寸、编号均支持自定义修改，可以通过在表格中双击进行修改。可以自定义指定框架梁和连梁所使用的混凝土编号。梁顶面偏移相对上部楼层：可以设置当前所有将要翻出的梁相对上部楼层的偏移，默认正值向上，负值向下。

"翻出梁高 =50 或 0 的梁"：该选项为提醒功能，对于程序判定为可疑的梁（可疑的梁指的是程序判断梁体信息错误或者不能正确识别的梁），用户可以选择是否将这种梁翻出。

若勾选，则程序会将这种可疑的梁翻成高度为 50 的梁（截面宽度不变），便于在三维模式下快速判别哪些梁有问题（同时会有红色圆圈进行标示）；若不勾选，则程序不会将这种可疑的梁翻出（编者建议勾选，便于在三维模式下查看），如图 4-7 所示。

图 4-7　截面高为 50 的可疑梁

结构图纸翻模完成后效果如图 4-8 所示。

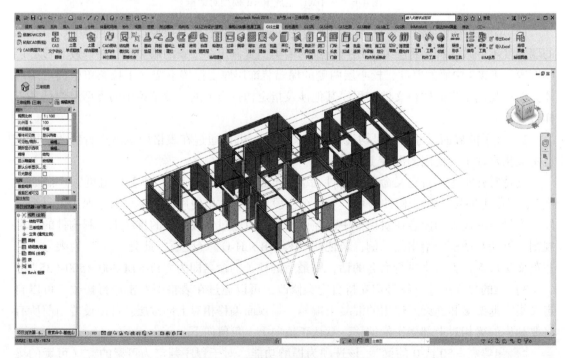

图 4-8　结构图纸翻模完成后效果

（2）需注意的事项

1）图纸中要尽可能删除重叠的图元，以提高提取速度。

2）删除无关的标注。

3）图纸中需删除样式为斜线的引出线。

4）尽量删除不规范的标注。

5）当标注引线的端点同时和其他的梁接触时，程序无法确定该标注属于哪个梁，会造成梁的高无法确定，翻出来的梁模型截面高为50mm。

6）柱子翻模要点：

①组成柱子的线条，可以是完全闭合的多段线（Polyline）、平行线、完整的圆或者圆弧。

②异型柱的封闭边线若与其他异型柱交叉，可能无法顺利获得异型柱的数据。此时必须修改异型柱封闭边线使其相连，确保每个异型柱与其他异型柱不相交。

③剪力墙之间的封闭边线出现相互搭接时，程序无法正确生成剪力墙。需在"导出结构的 DWG 数据"命令启用之前，先编辑墙体与墙之间的边线使之不再相互搭接，或让已搭设的剪力墙边线变成一个完全闭合的区域。

4.2.3 模型剪切

在 Revit 中创建建筑结构构件模型时，将其重叠的部位按照默认的顺序进行模型剪切，比如板剪切梁，板剪切柱。但是，根据我国建筑工程量统计规范，柱子的优先权最大，其次是横梁，板的优先权则最低。如根据 Revit 默认的剪切方式进行建筑工程量统计，则会出现柱子和横梁的工程量偏小，而楼板的工程量却偏高，如图4-9 所示。

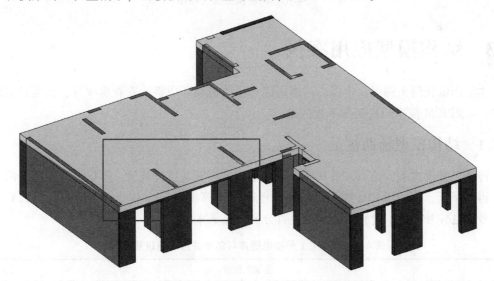

图 4-9 Revit 默认的模型剪切顺序

为了更加准确地统计工程量，需要调整柱、梁、板之间的剪切顺序。具体可通过修改面板中的"切换连接顺序"命令来实现，如图4-10 所示。通过调整两个构件之间的剪切顺序，可以使模型符合我国工程量计算规则，从而获得更加准确的工程量统计结果。

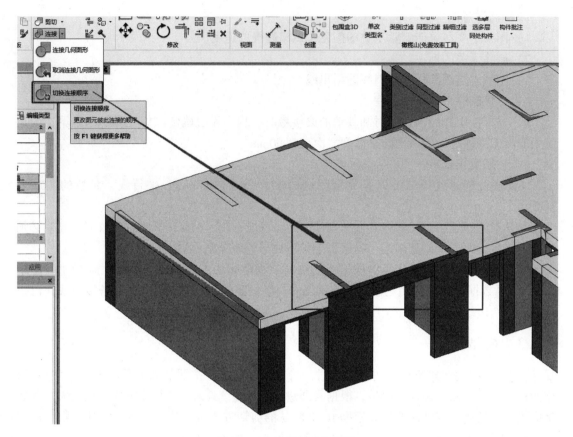

图 4-10　调整模型剪切顺序

4.3　结构模型应用案例

　　本案例依托门头沟区永定镇冯村南街棚户区改造和环境整治安置房项目，在项目实施过程中，应用 BIM 技术解决实际工程问题。

4.3.1　结构模型辅助核量

　　传统二维模式下，施工人员只能根据二维图纸核算基坑浇筑量，不仅烦琐复杂，精度也无法得到保证，而利用 BIM 模型可以快速精确地核算出每一个基坑的浇筑量，例如对某住宅 1 号楼电梯井与集水井施工浇筑量进行分析，见表 4-4。

表 4-4　某住宅 1 号楼电梯井与集水井施工浇筑量分析

浇筑工程量			
区域	位置	来源	项目 BIM 工作室
住宅 1 号楼	㉒~㉚轴交ⓒ~ⓒ轴	负责人	
BIM 计量			
计量依据	Revit 建模出量	总计方量	185.17m³

（续）

三维模型	现场施工

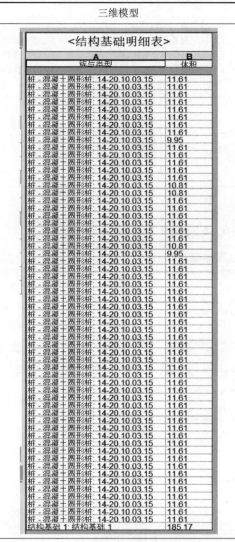

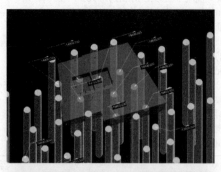

示意三维模型展示（微信扫一扫）

第二步：建设方反馈

建设单位 反馈建议	签字：		日期：	

4.3.2 结构构件说明书

在 BIM 平台的资料库中建立构件库，将每个构件的详细说明书存入其中。当构件生产、运输、安装时，相关人员都可通过移动端查找构件说明书并拍照，填写相关资料上传进行比对，信息挂接于模型，最后形成预制构件参数化模型库。

以下为构件说明书内容。

1. 编制依据

结构说明书编制依据见表4-5。

表 4-5　结构说明书编制依据

装配式规范	BIM 规范
《装配式混凝土结构技术规程》（JGJ 1—2014） 《预制带肋底板混凝土叠合楼板技术规程》（JGJ/T 258—2011） 《钢筋机械连接技术规程》（JGJ 107—2016） 《钢筋连接用灌浆套筒》（JG/T 398—2019） 《钢筋连接用套筒灌浆料》（JG/T 408—2019） 《装配式混凝土结构连接节点构造》（G310—1～2） 《装配式混凝土结构表示方法及示例（剪力墙结构）》（15G107—1） 《桁架钢筋混凝土叠合板（60mm 厚底板）》（15G366—1） 《预制钢筋混凝土阳台板、空调板及女儿墙》（15G368—1） 《预制混凝土剪力墙外墙板》（15G365—1） 《预制混凝土剪力墙内墙板》（15G365—2）	《建筑信息模型应用统一标准》（GB/T 51212—2016） 《建筑信息模型施工应用标准》（GB/T 51235—2017） 《建筑信息模型分类和编码标准》（GB/T 51269—2017） 《建筑信息模型设计交付标准》（GB/T 51301—2018）

2. 构件概况

预制剪力墙内墙板 NVSJ101 的基本概况见表 4-6，NVSJ101 埋件详情见表 4-7。

表 4-6　构件 NVSJ101 基本概况

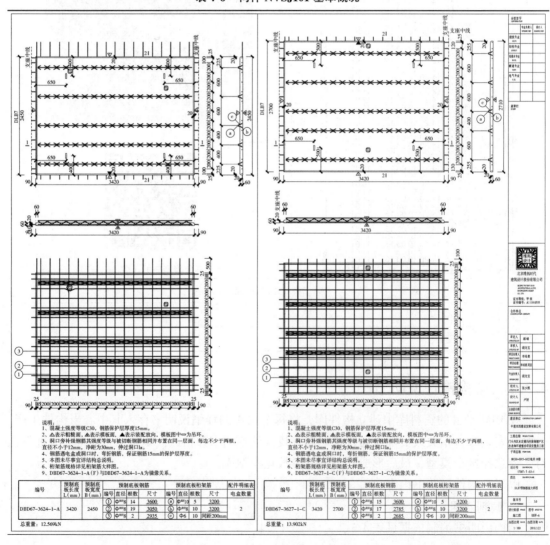

（续）

构件名称	NVSJ101
构建类型	预制剪力墙内墙板
构件尺寸	2700mm × 2610mm × 200mm
混凝土强度等级	C35
钢筋种类	HRB400
位置	标准层
体积	1.41m³
重量	3.35t

表 4-7　NVSJ101 埋件详情

代号	图例	名称	规格	说明
M2		预埋螺母	M20	固定临时支撑
CK1		预留穿孔	φ20	固定现浇模板
DH1		PVC 线盒	86H70	放置开关
DG1		PVC 线管	φ20；$L = 209$mm	保护电线
DG2		PVC 线管	φ20；$L = 1009$mm	
DG3		PVC 线管	φ20；$L = 725$mm	
DG4		PVC 线管	φ20；$L = 1225$mm	
DG5		PVC 线管	φ20；$L = 1365$mm	
DG6		PVC 线管	φ20；$L = 525$mm	
CT12H		套筒	$D = 38$mm；$L = 245$mm	通过灌入水泥砂浆，加固钢筋连接

（续）

代号	图例	名称	规格	说明
JG1	→ 出浆口 → 灌浆口	灌/出浆口	ϕ22	注入（流出）水泥砂浆

3. 构件加工

使用预制墙可以改善建筑施工性能和质量，便于现场施工及安全管理，并产生了良好的间接经济效益，而根据我国国内房屋的结构特点，预制墙和预制楼板也是我国工业化房屋结构的重点产品。其中生产过程的下料单见表4-8。

表4-8　生产过程的下料单

	类型：预制内墙板 尺寸：2700mm×2610mm×200mm 位置：标准层 生产商：三一混凝土构件厂	联系人： 电话：

主体部分	
墙厚/mm	200
墙长/mm	2700
墙高/mm	2610
钢筋保护层/mm	15
混凝土体积/m³	1.82
混凝土强度等级	C40
混凝土重量/t	4.37
埋件部分	
CK1　预留穿孔　A20/个	24
JG1　灌/出浆孔　A22/个	30
M2　预埋螺母　M20/个	4
DH1　PVC线盒　86H70/个	9
DJ1　预埋吊钉/个	4
DG1　PVC线管　A20；$L=209$mm/个	2
DG2　PVC线管　A20；$L=1009$mm/个	2
DG3　PVC线管　A20；$L=725$mm/个	2
DG4　PVC线管　A20；$L=1225$mm/个	1
DG5　PVC线管　A20；$L=1365$mm/个	2
DG6　PVC线管　A20；$L=525$mm/个	1

（续）

配筋部分			
a C12 竖向贯通分布筋	根数/根	16	钢筋加工尺寸
	直径/mm	12	|122| 2595 |262|
	长度/mm	2979	
	总重量/kg	42.33	
b C8 竖向非贯通分布筋	根数/根	15	钢筋加工尺寸
	直径/mm	8	
	长度/mm	2810	2810
	总重量/kg	16.65	
c C12 封边钢筋	根数/根	4	钢筋加工尺寸
	直径/mm	12	
	长度/mm	2810	2810
	总重量/kg	9.98	
d C8 水平非套筒分布筋	根数/根	15	钢筋加工尺寸
	直径/mm	8	200 | 3200 | 200
	长度/mm	7516	130
	总重量/kg	44.53	
e C8 水平套筒分布筋	根数/根	2	钢筋加工尺寸
	直径/mm	8	200 | 3200 | 200
	长度/mm	7580	162
	总重量/kg	5.99	
La C6 拉筋	根数/根	35	钢筋加工尺寸
	直径/mm	6	75
	长度/mm	325	152
	弯折角度	45°	
	总重量/kg	2.49	
Lb C6 拉筋	根数/根	34	钢筋加工尺寸
	直径/mm	6	75
	长度/mm	321	176
	弯折角度	45°	
	总重量/kg	2.42	
Lc C6 拉筋	根数/根	7	钢筋加工尺寸
	直径/mm	6	75
	长度/mm	349	148
	弯折角度	45°	
	总重量/kg	0.54	

(续)

配筋部分		
钢筋总重/kg	φ6	5.49
	φ8	67.17
	φ12	52.31
	合计	124.97

4.4 练习与思考题

1. 请根据图4-11创建阶形高杯独立基础参数化模板，W_a、W、W_b、W_c、H、h_1需设置为参数，未标明尺寸不作要求。

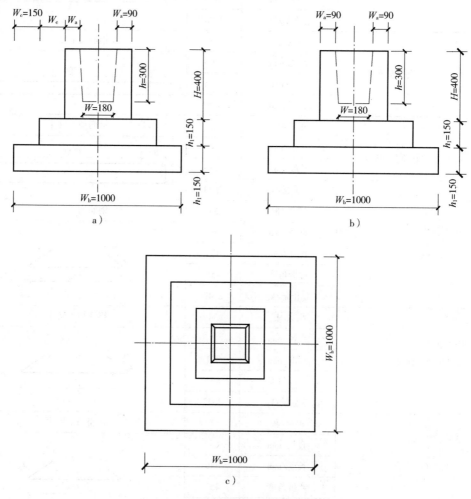

图4-11 阶形高杯独立基础示意图

a）主视图 b）左视图 c）俯视图

2. 请根据图 4-12 创建工字钢及其节点模型，钢材强度取 Q235，螺栓尺寸及造型、锚固深度和钢柱高度自行选择合理值，未标明尺寸不作要求。

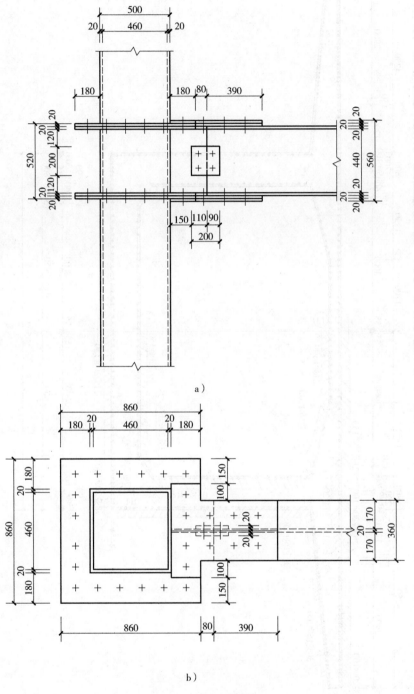

图 4-12 工字钢示意图

a）正立面图 b）俯视图

3. 根据给定尺寸创建箱梁模型并绘制如图 4-13 所示部分钢筋，未标明尺寸及样式不作要求。

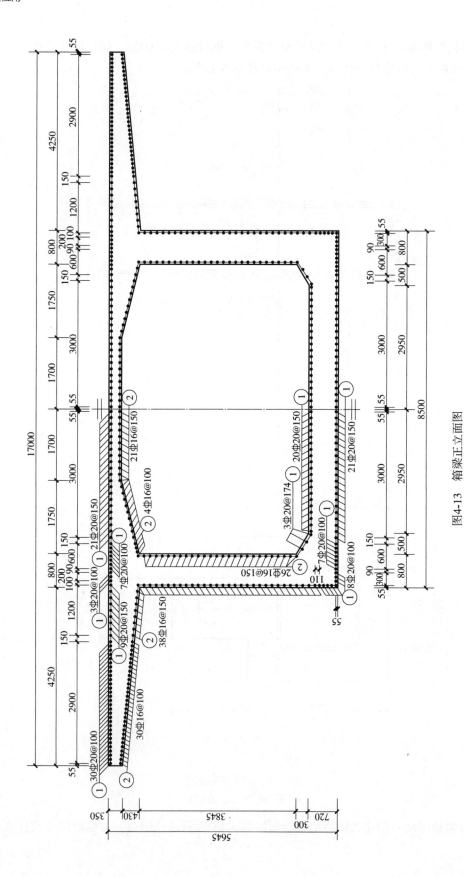

图4-13　箱梁正立面图

4. 根据图 4-14,建立 30 层框架结构模型,结构设计使用年限 50 年,所处环境类别为二类 b,并创建有关明细表及图纸,未标明尺寸不作要求。

1) 建立轴网、标高,1~18 层层高 4m,19~30 层层高 3m。

2) 建立整体结构模型,包括桩、基础、梁、柱、墙、楼板、屋面等。其中,桩、基础及柱采用 C40 混凝土,梁、楼板、屋面采用 C25 混凝土,墙采用 C30 混凝土。

3) 根据图 4-14,在每个基础中心布置桩,并建立桩钢筋模型,保护层厚度统一取 50mm。

4) 根据图 4-14,建立 3 层梁配筋模型,加密区长度 1m,保护层厚度应根据相关规范要求取合理值。

5) 根据图 4-14,建立 3 层柱配筋模型,保护层厚度应根据相关规范要求取合理值。

6) 根据图 4-14,建立 3 层板配筋模型,保护层厚度应根据相关规范要求取合理值。

7) 建立 3 层结构平面图,并对梁柱进行编号,同时用平法标注梁配筋情况。

8) 创建混凝土用量明细表,统计构件类型、截面尺寸、混凝土用量等信息。

9) 创建钢筋明细表,统计钢筋的类型、长度、数量。

10) 创建 1—1 剖面图。

11) 将 3 层结构平面图、1—1 剖面图、混凝土用量明细表、钢筋明细表放置于一张图纸中。

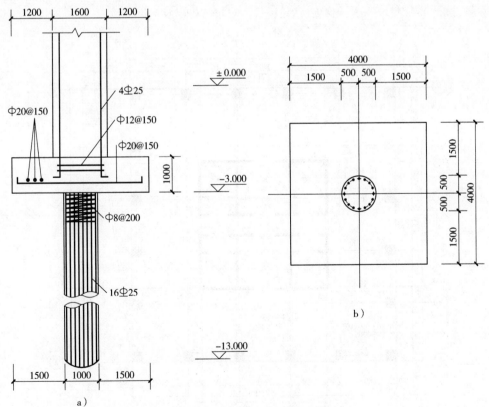

图 4-14 某建筑结构示意图

a) 桩立面图 b) 桩平面图

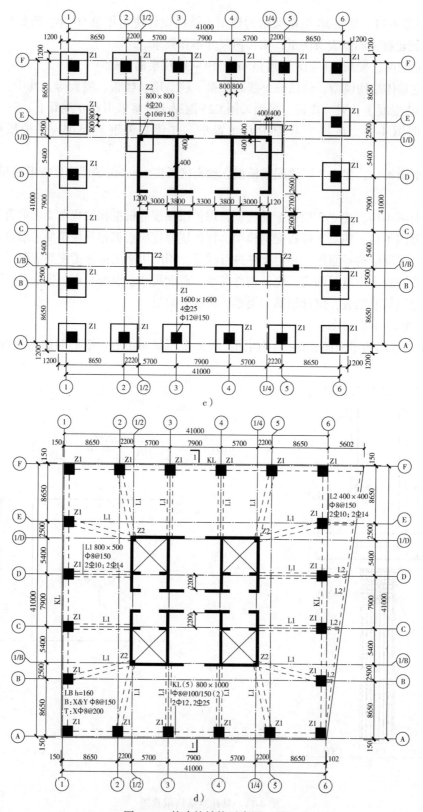

图4-14 某建筑结构示意图（续）

c）基础平面图 d）1~18层结构平面图

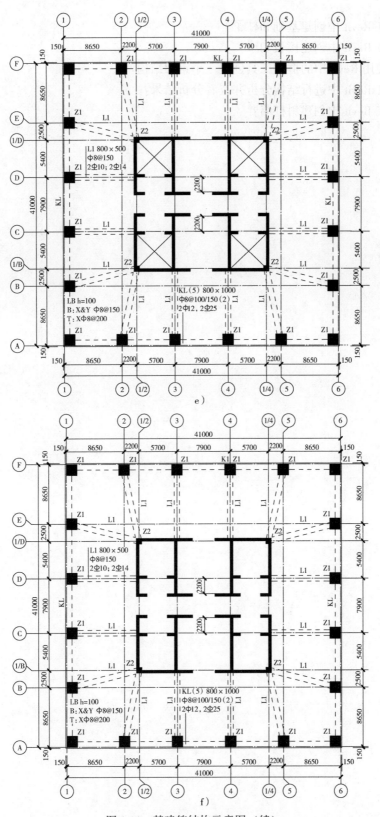

图 4-14 某建筑结构示意图（续）

e）19 ~ 29 层结构平面图   f）顶层结构平面图

5. 如何在 Revit 中创建基础和柱子？

6. 如何在 Revit 中创建楼板和梁？

7. 如何使用 Revit 中的框架工具创建一个钢架结构？

8. 如何在 Revit 中进行结构分析并查看分析结果？

9. 如何在 Revit 中创建斜杠墙？

第5章　建筑专业 BIM 建模

1. 了解建筑专业构件类型及建筑基础知识。
2. 熟悉 Revit 建筑专业 BIM 建模流程。
3. 掌握建筑专业 BIM 建模方法以及利用 Revit 插件快速建模的方法。

1. 能够运用 Revit 进行建筑专业 BIM 建模样板设置。
2. 能够根据建筑专业施工图运用 Revit 进行建筑专业 BIM 建模。
3. 能够应用 Revit 插件进行建筑专业 BIM 快速建模。

5.1　建筑专业内容

在建筑专业 BIM 建模前，需先了解建筑专业方面的基础知识，以准确识图和创建建筑专业构件，避免出现识图和建模错误。

5.1.1　建筑构造组成

一般民用建筑是由基础、墙或柱、楼地层、楼梯、屋顶和门窗等主要部分组成。图 5-1 所示为一幢住宅构造组成。基础是房屋最下面的部分，它承受房屋的全部荷载，并把这些荷载传给地基。墙或柱是房屋的垂直承重构件，它承受楼地层和屋顶传给它的荷载，并把这些荷载传给基础，墙起着承重、围护、分隔建筑空间的作

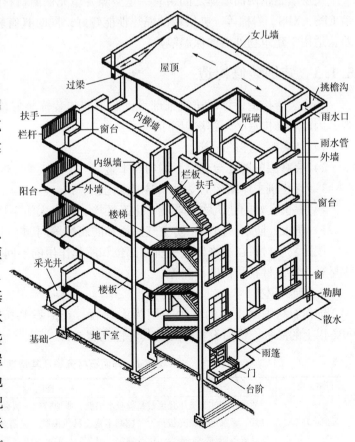

图 5-1　建筑构造组成

用。楼梯是房屋建筑中联系上下各层的垂直交通设施。门是建筑物的出入口，其主要作用是供人们通行，并兼有围护和分隔的作用。窗的主要作用是采光和通风等。

房屋除上述基本组成外，还有台阶、散水、雨篷、雨水管、明沟、通风道和烟道等。

5.1.2 墙体建筑构造

墙体是建筑结构中的重要组成部分，其建筑构造是指墙体的构成方式和组成材料。墙体的建筑构造对于建筑物的承重能力、隔热、隔声和防火等性能至关重要，因此在建筑设计和施工过程中需要充分考虑。

1. 实心墙

实心墙是指墙体中没有任何空腔的墙体结构形式，常用的材料包括砖、混凝土等。实心墙的承重能力和稳定性较高，可以承担较大的荷载，同时具有较好的隔热和隔声性能。实心墙的缺点是材料使用较多，施工周期较长，造价较高。

2. 空心墙

空心墙是指墙体中留有一定空腔的墙体结构形式，常用的材料包括砖、混凝土等。空心墙的承重能力和稳定性较差，但具有较好的隔热和隔声性能，施工周期较短，造价相对较低。空心墙的空腔也可以用来布置管线或者作为通风设备。

3. 夹层墙

夹层墙是指两面墙体之间留有一定空隙并填充保温材料的墙体结构形式，常用的材料包括 EPS、XPS、岩棉等。夹层墙的隔热性能较好，同时具有较好的隔声性能，但承重能力较差，适用于建筑物外墙的保温隔热。

5.1.3 装饰装修构造

装饰装修构造设计即建筑细部设计。不同的装饰装修构造将在一定程度上改变建筑外观，因此装修构造必须解决以下问题。

1）与建筑主体的附着。

2）装修层的厚度与分层、均匀与平整。

3）与建筑主体结构的受力和温度变化相一致。

4）提供良好的建筑物理环境、生态环境、室内无污染环境和色彩无障碍环境。

5）防火、防水、防潮、防空气渗透和防腐蚀等问题。

按照装修材料在装修构造中所处部位和所起作用的不同，装修材料可分为结构材料、功能材料、装饰材料和辅助材料等。

1. 饰面石材

饰面石材中最主要的三种类型为大理石、花岗石和板石，它们囊括了天然装饰石材99％以上的品种。饰面石材分类及其特性见表5-1。

表5-1 饰面石材分类及其特性

石材分类	特性
天然大理石	质地较密实、抗压强度较高、吸水率低、质地较软，属碱性中硬石材。天然大理石易加工、开光性好，常被制成抛光板材，其色调丰富、材质细腻、极富装饰性。所以除少数大理石，如汉白玉、艾叶青等质纯、杂质少、比较稳定、耐久的品种可用于室外，绝大多数大理石品种只宜用于室内

（续）

石材分类	特性
天然花岗石	花岗石构造致密、强度高、密度大、吸水率极低、质地坚硬、耐磨，属酸性硬石材。花岗石所含石英在高温下会发生晶变，体积膨胀而开裂，因此不耐火。装修材料（花岗石、建筑陶瓷、石膏制品等）中以天然放射性核素（镭-226、钍-232、钾-40）的放射性比活度及和外照射指数的限值分为A、B、C 三类：A 类产品的产销与使用范围不受限制；B 类产品不可用于 I 类民用建筑的内饰面，但可用于 I 类民用建筑的外饰面及其他一切建筑物的内、外饰面；C 类产品只可用于一切建筑物的外饰面
板石	优质的板石一般被加工为屋面瓦板，俗称石板瓦。其物理性能包括：劈分性能好、平整度好、色差小、黑度高（其他颜色同理）、弯曲强度高。化学性能或材质特性包括：含钙铁硫量低、烧失量低、耐酸碱性能好、吸水率低、耐候性好

2. 玻璃幕墙

玻璃幕墙是指支承结构体系可相对主体结构有一定位移能力、不分担主体结构所受作用的建筑外围护结构或装饰结构。玻璃幕墙是一种美观新颖的建筑墙体装饰方法，是现代主义高层建筑时代的显著特征。玻璃幕墙玻璃分类及其特性见表5-2。

表 5-2　玻璃幕墙玻璃分类及其特性

玻璃分类	特性
防火玻璃	普通玻璃因热稳定性较差，遇火易发生炸裂，故防火性能较差。防火玻璃是经特殊工艺加工和处理、在规定的耐火试验中能保持其完整性和隔热性的特种玻璃。防火玻璃原片可选用浮法平板玻璃、钢化玻璃，复合防火玻璃原片还可选用单片防火玻璃制造
夹层玻璃	用于生产夹层玻璃的原片可以是浮法玻璃、钢化玻璃、着色玻璃、镀膜玻璃等。夹层玻璃的层数有 2、3、5、7 层，最多可达 9 层
着色玻璃	有效吸收太阳的辐射热，产生"冷室效应"，可达到蔽热节能的效果。能较强地吸收太阳的紫外线，有效地防止紫外线对室内物品的褪色和变质作用。仍具有一定的透明度，能清晰地观察室外景物。色泽鲜丽，经久不变，能增加建筑物的外形美观
低辐射镀膜玻璃	低辐射镀膜玻璃又称"Low-E"玻璃，是一种对远红外线有较高反射比的镀膜玻璃
真空玻璃	真空玻璃是将两片平板玻璃四周密闭起来，将其间隙抽成真空并密封排气孔，两片玻璃之间的间隙仅为 0.1~0.2mm，而且两片玻璃中一般至少有一片是低辐射玻璃。真空玻璃比中空玻璃有更好的隔热、隔声性能

5.2　快速建模

5.2.1　建筑图纸

如果 DWG 图纸不是由天正建筑绘制，而且可以只用普通的曲线和文字进行显示（如理正建筑），则翻模软件可以直接将图纸中的轴线、轴号、墙、柱子等翻为 Revit 模型，门窗等建筑构件也可实现自动翻模。

如果 DWG 图纸由天正 T3 绘制，可使用天正建筑自带的版本更换（JTZH）命令，将低版本格式转为当前天正建筑的最新版本格式。对于天正 T5（含）以上格式的图纸，橄榄山快模软件对其中的轴、轴线编号、墙、门窗（包含窗户编号、门窗开启方向及门窗高度）、柱（包含异型柱）以及房间转换为 Revit 模型的转换率相当高。但是，其他建筑构件（如阳台和楼板等）尚不能转换成为 Revit 模型。

5.2.2　操作步骤

1. CAD 操作

1）使用 CAD 打开目标图纸（若是天正图纸，则用天正打开）。打开天正基线开关（针对天正图纸，非天正图纸不需要进行此操作）。在 CAD 功能区的"橄榄山快模"选项卡中启动"建筑—导出建筑 DWG 数据"工具，如图 5-2 所示。

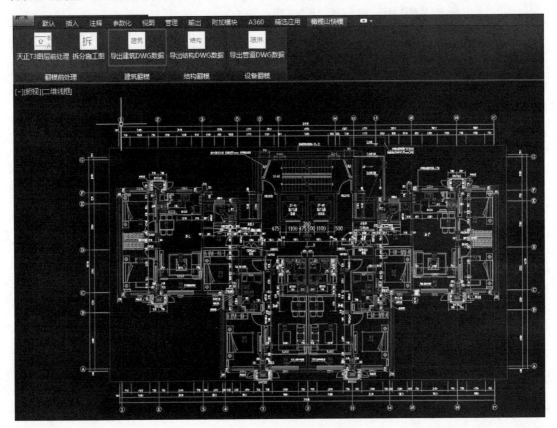

图 5-2　导出建筑 DWG 数据

①单击"清空图层"，可以快速将对话框中上一次提取到的数据信息进行清除。

②单击"点选轴线"，鼠标指针会变为拾取状态，拖动鼠标指针到图上轴线上方（任意轴线），并单击鼠标左键拾取轴线所在图层，拾取完成后，该图层会被隐藏，同时对话框中会显示已经提取到的图层名称（若图纸中轴线具有多个图层，则拾取所有图层）。

③单击"点选轴号"，拖动鼠标指针至轴号上方，单击鼠标左键进行拾取。

④单击"点选柱子"，拖动鼠标指针至柱子上方，单击鼠标左键进行拾取［如果当前图纸是天正 T5（含）以上文件，柱子图元已经是实体，"点选柱子"可以不选取；若图纸中柱子具有多个图层，则拾取所有图层］。

⑤单击"点选墙边线",拖动鼠标指针至墙体上方,单击鼠标左键进行拾取［如果当前图纸是天正 T5（含）以上文件,墙体图元已经是实体,"点选墙边线"可以不选取;若图纸中墙体具有多个图层,则拾取所有图层］。

⑥单击"点选门窗",拖动鼠标指针至墙体上方,单击鼠标左键进行拾取［如果当前图纸是天正 T5（含）以上文件,门窗图元已经是实体,"点选门窗"可以不选取;若图纸中门窗具有多个图层,则拾取所有图层］。

⑦单击"点选房间文字",在图上选择一个房间名称的文字。

⑧若勾选"导出选中 DWG 到 Revit 模型里,自动链接到 Revit 里做底图",则程序将自动对翻模区域进行拆图,并在翻模完成后将拆分后的图纸链接到 Revit 中作为底图,便于校验。如图 5-3 所示。

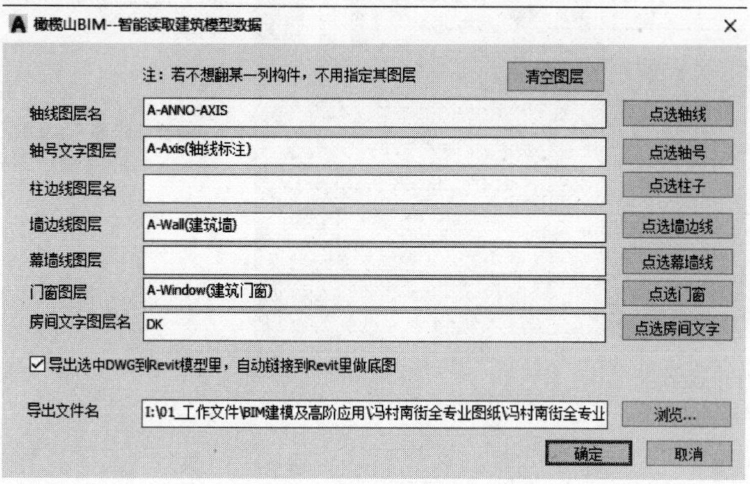

图 5-3 图层拾取完成

2）指定导出文件所在的文件夹和文件名,文件扩展名是 GlsA。若不指定,默认与 DWG 文件同名,保存在 DWG 同一个文件夹中。

①单击"确定",然后在图上指定对齐点,可以用 F3 键打开捕捉功能,实现精确捕捉。这个对齐点就是将来将模型插入 Revit 时的对齐点。其作用是进行模型的精确定位,实现上下层构件的准确对齐。

②框选需要导出（翻模）的标准层（选择局部导出也可以）。可用窗选、点选等多种方式选择需要导出的构件。在确认选择前,需要将当前 CAD 的视图调整到如下状态：需要导出的楼层的图元在 AutoCAD 中要求全部可见,否则导出不全。将选中的、需要导出的图元在当前 CAD 视图中尽可能地最大化显示,这样识别 DWG 信息速度快,节省翻模时间。

2. Revit 操作

1）在"GLS 土建"选项卡中的"CAD 到 Revit 翻模"工具面板中启动"建筑翻模 AutoCAD"命令。定位到需要翻模的橄榄山数据文件所在路径,选择该文件（建筑专业后缀名称是 GlsA）。

2）在弹出的对话框中设置构件的类型等信息。如墙的类别、窗户类型、窗户的窗台高度、导入构件的上下楼层、导入哪些构件等。详情如下：

①墙的类型必须由用户来指定。所指定的一般墙类型的核心层厚度可以与DWG中导出的墙厚度不一致，程序将会基于用户指定的墙类型复制出一个新的墙类型，并修改其核心层厚度等于DWG中墙的厚度，核心层两侧的保温装饰层厚度保持不变（下拉菜单中的可用墙体类型均是基于当前样板文件，程序其他涉及指定构件类型的下拉菜单中的类型也均是基于样板文件）。在创建墙时，程序自动对齐Revit新建墙的核心层的位置与DWG中墙的位置，保持核心层位置和厚度一致。通过这个功能可实现墙核心层的精确定位，并且还可为墙添加保温层、饰面层、隔声层等，轻松实现模型精确以及墙的信息完整，如图5-4所示。

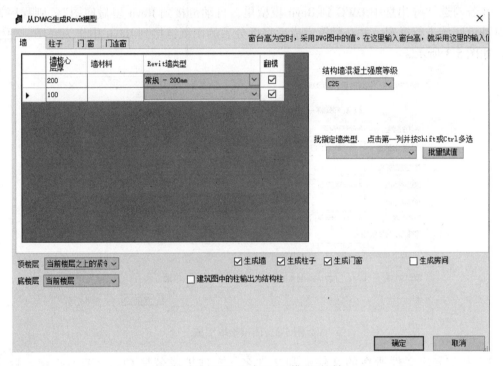

图5-4　从DWG生成Revit模型对话框

②柱的界面尺寸、编号均支持自定义修改。可以通过在表格中双击进行修改，可以自定义指定柱所使用的混凝土编号，支持为柱进行自定义命名。单击右侧的"指定柱族类型"按键，由于对柱进行命名时会用到楼层信息，所以会首先向用户确认是否本次翻模的下部楼层标高，若确定可直接单击"是"。

构件命名中包含了"楼层标高""截面宽度""截面高度""混凝土编号"和"构件编号"等5个字段信息，这里使用5个字母来分别代表每个字段，字母与其代表的内容在对话框中已经说明可以通过修改字母的排序来控制构件的命名规则。例如对话框中给出的示例，若使用"F-N-B×L-C"方式来进行命名，则柱的命名即是"Fl-KL1-300×500-C35"。

③门窗、门连窗设置与墙体类似。用户可以通过双击的方式自定义修改表格中门窗的尺寸、编号等。指定的门窗类型可以与提取到的门窗尺寸不对应，程序会自动创建新的门窗类型与之对应。

④翻模过程快要结束时，会有一些警告提醒对话框。此时，不要单击界面上的"取消"，而要选择界面左侧解决问题的按钮，如"忽略"或"断开对象连接"等。如果选择

"取消"，则生成的模型全部消失。

翻模结果如图5-5所示。

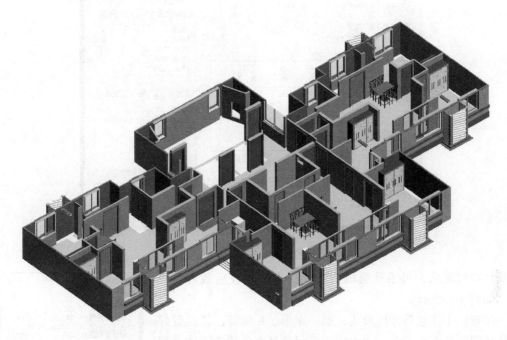

图 5-5　建筑专业翻模结果

5.3　建筑模型应用案例

本案例依托门头沟区永定镇冯村南街棚户区改造和环境整治安置房项目，在项目实施过程中，应用 BIM 技术解决实际工程问题。

5.3.1　建筑模型排砖

传统工况下排布质量差、难度大，造成领料不易把控、二次搬运过多、穿插施工干扰等问题层出。现在采用了 BIM 自动弹网技术，将自动排布的工作效率提升了 10 倍，可以精准地控制质量和节约材料，也大大减少了损耗和二次搬运。

首先，提前建立好样板文件，设置好明细表以及图纸的格式要求，对每块砖的型号和命名先进行族的建立，以便于后期快速导入砖的类型。其次熟悉图纸，对于不同的项目先了解楼层的相似程度以及墙体规律，对比图纸找出标准层，对于整个项目有一个合理的规划分工，减少重复工作的部分。最后根据施工图核查结构及建筑模型，包括柱、梁、墙、板和建筑门窗。

1. 砌体排布流程

(1) 过梁与压顶创建　根据土建模型及设计说明，借助橄榄山插件进行批量过梁与压顶创建 (图5-6)。排砖后再进行过梁的调整 (注意：构件尺寸及标高与图纸一致)。

(2) 构造柱的创建　利用橄榄山插件生成的构造柱族中"马牙槎间距"参数设置可能

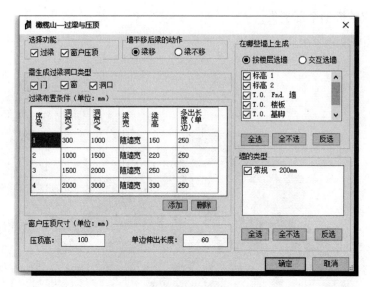

图5-6　批量创建过梁和压顶

不满足项目需求，可手动编辑构造柱族进行修改后载入项目中，如图5-7所示。

图5-7　马牙槎参数设置

注意：①注意马牙槎形式，如一字形、L形等；②设置好马牙槎间距及首槎高度；③生成后要留意是否将建筑墙体剪切掉，如否，则需尝试重新生成或手动剪切，如遇到剪切有问题的可以在CAD出图中进行修改。

（3）排砖　将需要排砖的墙体放置在剖面上进行排砖，为方便看清创建的砌体砖族，可通过VV-模型类别-墙体-详细程度以及视觉样式设置，同时可在模型类别中将门、窗、墙关闭。根据排砖原则进行排砖，具体排砖方法依据规范设置及项目需求，排砖应减少切砖种类（设置导墙、塞缝、灰缝宽度、搭接长度等）。

注意：①控制砌体长度，尽量用整砖；②控制砌体长度种类，减少现场多次剪切，造成材料浪费；③具有整齐性、美观性；④区分剖面命名，与墙体编号一致，命名应具有辨识性、规律性。

（4）标记　在剖面图中对非本墙的砌体隐藏应用，设置好剖面视图比例，再对砌体类型进行标记，只需单击"全部标记"，砌体将全部标记，节省单独标记的时间；对结构梁、构造柱、过梁等构件进行尺寸、标高等标记。比例调整过后标记也会变得更加美观，可减少后期在图纸中修改。

（5）生成明细表　根据上一步标记操作，对明细表进行设置，生成明细表。第一面墙设定完成后，后面的墙只需要复制明细表修改名称，然后更改过滤器条件。检查明细表中的砖是否符合要求，开启剖面和明细表双窗口，检查是否有不属于本墙的砖以及尺寸差距较小的砖，可以进行调整减少砖的剪切种类，无误后手动从大到小输入序号即可。明细表命名会自动与剖面和所表示墙体砌体对应。

（6）出图　可直接将剖面、明细表拖入图框中，最好保持同一水平面以便后期调整，局部问题可以在 CAD 中调整修改，不用重新导出模型图纸。布局美观，做好墙体定位工作，图纸命名应与所示墙体相对应，如图 5-8 所示。

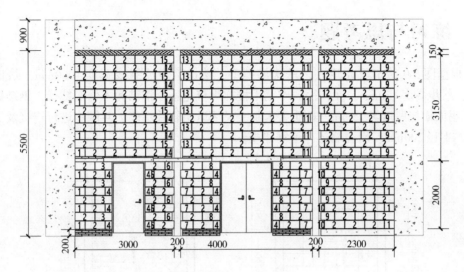

图 5-8　排砖立面示意图

2. BIM 应用效果小结

（1）材料统计　依据劳务经验，案例项目 10～16 层平均砌块使用量约为 640 块大砖（600mm×200mm×200mm）和 620 块小砖（600mm×100mm×200mm）。经过 BIM 排砖后，实际 17 层砌块使用量为 611 块大砖（600mm×200mm×200mm）和 587 块小砖（600mm×100mm×200mm）。节约 29 块大砖、33 块小砖。依据当地指导价，大砖每块 5.5 元，小砖每块 2.7 元，共节约 29×5.5+33×2.7＝248.6（元）。

（2）人工统计　依据劳务经验，7 号楼一层标准层全部砌筑完需要消耗约 24 工日，现场实际用 BIM 技术排砖的情况下，只消耗了 22 工日，节约 2 工日。根据砌筑工人日均工资 220 元计算，共节约 2×220＝440（元）。

材料节约率：（29+33/2）/（640+620/2）×100%＝4.79%。

人工节约率：（24-22）/24×100%＝8.33%。

5.3.2　模型车位优化

在案例项目中，地下车库受单位工程基础墙、出入口、设备用房等制约，不能全部实现理想的车库设计。因此，在保证行车的畅通安全、便于管理的情况下，车位的优化设计应达到车位数量最大化。同时前期的车位优化设计可减少或避免返工以及后期设计更改，可有效减少建设成本和时间成本。

根据优化后车库车位图纸及 BIM 模型，分区域逐一检测车位布置的合理性，最大限度地增加车位尺寸及数量，提升车库整体利用率。基于优化后的车库模型，进行车位布置优化，结合 BIM 实景模拟特性，模拟真实车位需求，对现有车位布置的合理性进行分析，根据模拟和分析结果，进行车位优化。车位优化需要综合车库空间、管线标高等因素进行系统综合考虑，最终形成车库车位最优排布方案。

常规的车位尺寸为 2400mm（宽）×5300mm（长），为了便于住户的停车、下车，在条件允许的情况下，将每个车位的尺寸扩大到2600mm（宽）×5400mm（长），以便大排量车型的停放。在车库的高度上，尽量提高车库的层高，营造更加舒适的地下停车体验。

5.4　练习与思考题

1. 根据图5-9给定尺寸建立艺术楼梯模型，楼梯踏步控制线宽度1000mm，踏板深度300mm，踏步高度150mm，无扶手。本艺术楼梯为双跑悬浮钢结构木饰面楼梯，钢结构厚度30mm，踢面面层厚度为15mm，材质为木制。灵活运用软件功能，对踏步进行连接及倒圆几何处理，半径200mm。周边墙体等不需建模。

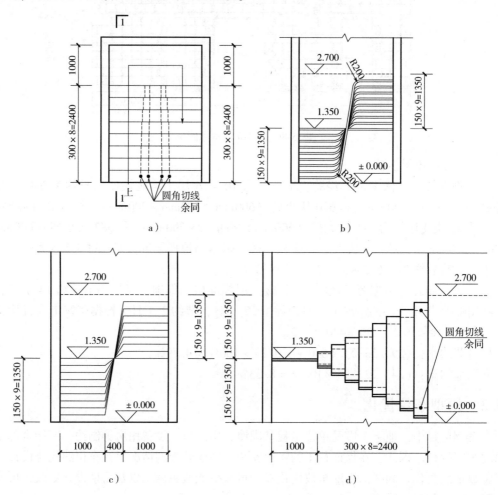

图5-9　某艺术楼梯结构示意图

a）俯视图　b）主视图　c）控制线主视图　d）1—1剖面图

2. 根据图5-10创建转角窗构件集模型。将主窗宽度 L_1（墙洞口宽度）、侧窗宽度 L_2（墙洞口宽度）、开启扇宽度 L_3、窗高 H（墙洞口高度）设置为参数，要求可以通过参数实现模型修改。框宽度80mm，深度80mm；开启扇窗框宽度60mm，深度60mm，材质均为铝合金；双层中空玻璃厚度为6mm+12mm+6mm。

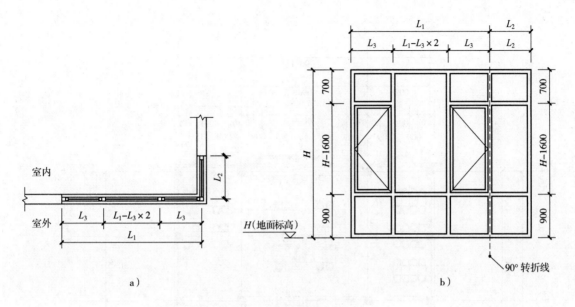

图 5-10　转角窗结构示意图

a) 平面图　b) 立面图（展开）

3. 根据给定的平面图及尺寸创建室内建筑模型，具体要求如下（其他未注明的要求可以自行设定）：

1）本建筑为文创咖啡厅，首层层高4.5m，需创建墙体、柱、楼板、内门、外门，不设置顶板、顶棚。主要建筑构件材质及尺寸见表5-3，内门明细见表5-4。

表 5-3　咖啡厅主要建筑构件材质及尺寸

构件名称	尺寸（mm）及定位	材质
柱	600×600，轴线居中	钢筋混凝土
楼板	120 厚	混凝土
内外墙	200 厚，轴线居中或与柱外皮齐平	加气混凝土砌块
玻璃幕墙	预留构造厚度，外边线距柱外皮200	玻璃

表 5-4　咖啡厅内门明细

编号	尺寸（mm）及定位	材质及其他备注
M1	1800×3000，居中	拉丝不锈钢玻璃门
M2	1200×2100，齐柱皮	木质
M3	900×2100，齐柱皮	木质

2）设计创建玻璃幕墙：尺寸详见平面图（图5-11）标注，立面分格等参数自行合理设置。

3）布置各类家具：分为阅读区、文创售卖区、食品加工售卖区、休闲餐饮区四个部分。为家具设置相应的材质：所有书架、商品展台、桌椅均为木质，食品加工厨具为金属。图5-11中给出的家具不应遗漏，不要求与图纸中的尺寸完全一致，使用功能相同即可。将第1题的艺术楼梯放置于文创售卖区对应位置。

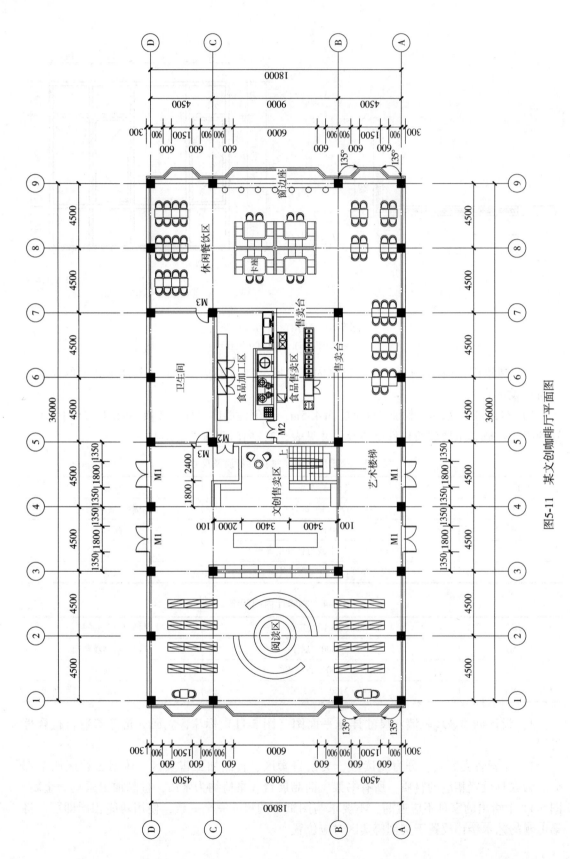

图5-11 某文创咖啡厅平面图

　　4）设计布置卫生间：在图 5-11 中给定区域自行设置隔墙及门或洞口，合理划分出一间男卫生间、一间女卫生间、一间消洁间（可为男或女卫生间套间）；蹲位采用隔间方式，男卫生间不少于 4 个蹲便器和 4 个小便器；女卫生间不少于 4 个蹲便器；洗手区相对独立，洗手盆各 2 个；洗手台材质为石材，卫生洁具材质为陶瓷。卫生洁具布置最小尺寸示意图如图 5-12 所示。

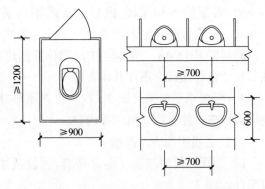

图 5-12　卫生洁具布置最小尺寸示意图

　　4. 请根据给定的图纸，创建别墅模型，其中没有标注尺寸及材质的可以自行设定。具体要求如下：

　　（1）创建别墅模型

　　1）根据给定的平面图（图 5-13）、立面图（图 5-14），创建轴网、标高，并添加尺寸标注。

　　2）创建外墙、内墙、楼板、地面、屋顶及檐口、洞口、景观平台、栏杆扶手等模型，结构梁、柱、楼梯及其他结构构造不作要求，主要构件及材质详见表 5-5，外装饰材料如图 5-14 所示。

表 5-5　别墅主要建筑构件及材质

构件名称	尺寸（mm）及定位	材质
楼板	结构 150 厚	钢筋混凝土
外墙	200 厚，轴线居中	加气混凝土砌块

　　3）按照图 5-13、图 5-14 中给定位置创建内外门、外窗、幕墙；除转角窗外其余门窗及幕墙样式可自行设计。

　　4）将第 2 题的转角窗按表 5-6 中注明的尺寸输入对应的参数（L_1 = 长边窗宽，L_2 = 短边窗宽，L_3 = 900mm，H = 窗高），并放置在各层相应位置。

表 5-6　别墅门窗明细

编号	宽×高/(mm×mm)	材质及其他备注
M0921	900×2100	木门
M1221	1200×2100	
C0630	600×3000	铝合金玻璃窗
C0830	800×3000	
C1230	1200×3000	
C6130	6100×3000	
C0836	800×3600	
C1236	1200×3600	
C2606	2600×60	
ZJC（08+56）30	(800+5600)×3000	铝合金玻璃转角窗
ZJC（08+56）36	(800+5600)×3600	
ZJC（41+09）36	(4100+900)×3600	
ZJC（31+09）36	(3100+900)×3600	
ZJC（26+12）36	(2600+1200)×3600	
MLC4030	4000×3000	铝合金玻璃门连窗
MQ0675	600×7500	铝合金玻璃幕墙
MQ（32+10）69	(3200+1000)×6900	
MQ（28+65+18）75	(2850+6500+1800)×7500	

5）根据图 5-14 创建檐口、景观平台装饰线脚，线脚高度 100mm，突出所在立面 100mm，材质为深灰色铝合金板。

6）按照图 5-13、图 5-14 中给定位置创建景观平台金属栏杆，栏杆高 1050mm，样式及细节尺寸自行设计，不作具体要求。

7）根据总平面图（图 5-13a）建立地形并布置室外景观，要求包含景观水池、地砖铺地、人行道、停车位、植物等内容。

（2）创建明细表及图纸

1）创建门窗明细表（不含幕墙），包括宽度、高度、窗底部距本层地面距离及门窗个数统计。

2）根据图 5-13 中给定的剖面位置，创建 1—1 剖面图。

3）创建 A0 图纸，并放置所有平面图、立面图、剖面图。

（3）光照、渲染及漫游

1）设置光照及阴影，光照来自东南方向。

2）从东南向对模型进行渲染。

3）设置室外漫游，要求展示出建筑主要立面效果，角度自定义，时间不超过 15 秒。对导出视频进行设置，每秒 25 帧，视频不必导出。

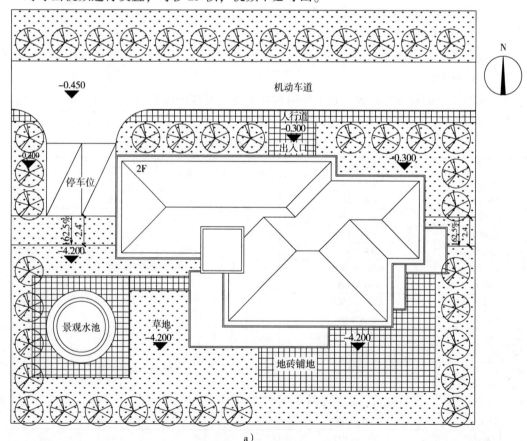

a）

图 5-13　某别墅平面示意图

a）总平面图

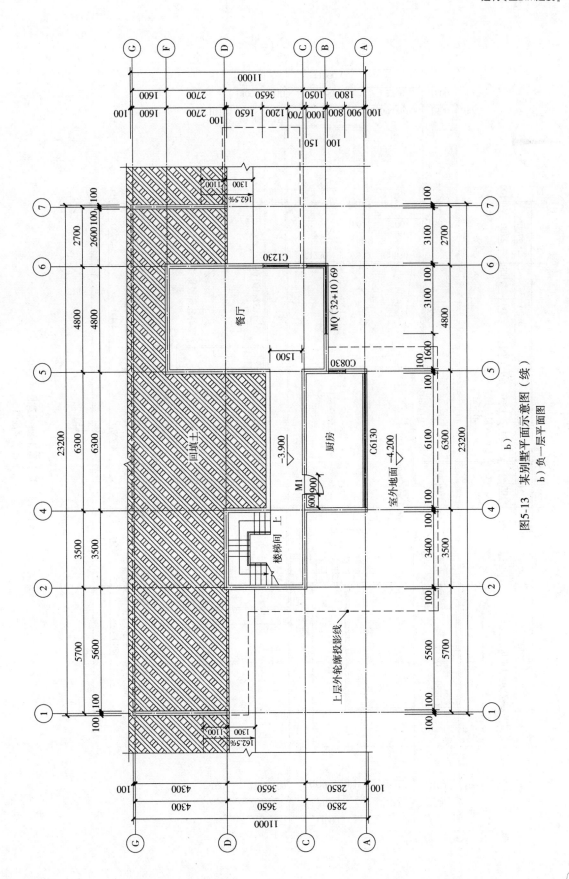

图5-13 某别墅平面示意图（续）
b）负一层平面图

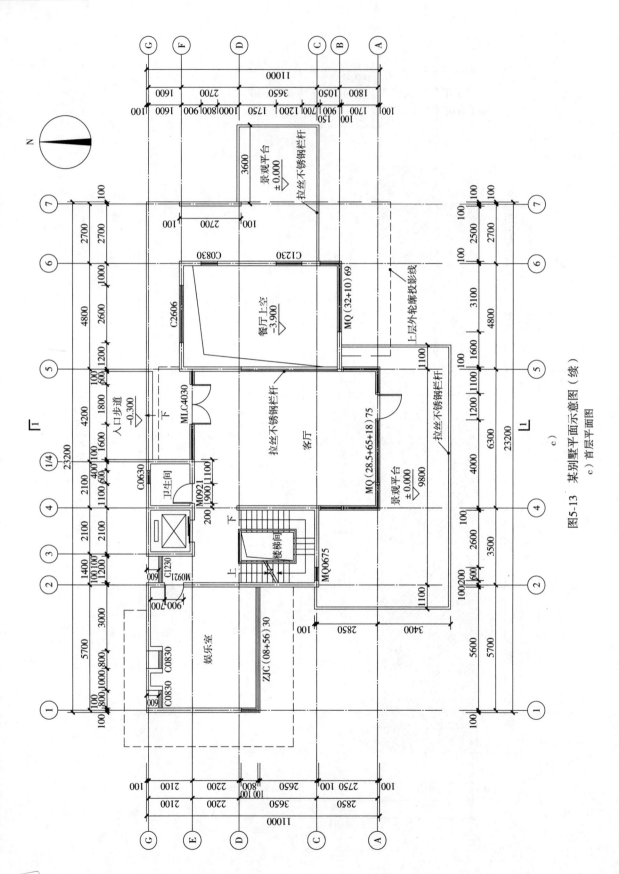

图5-13 某别墅平面示意图（续）

c）首层平面图

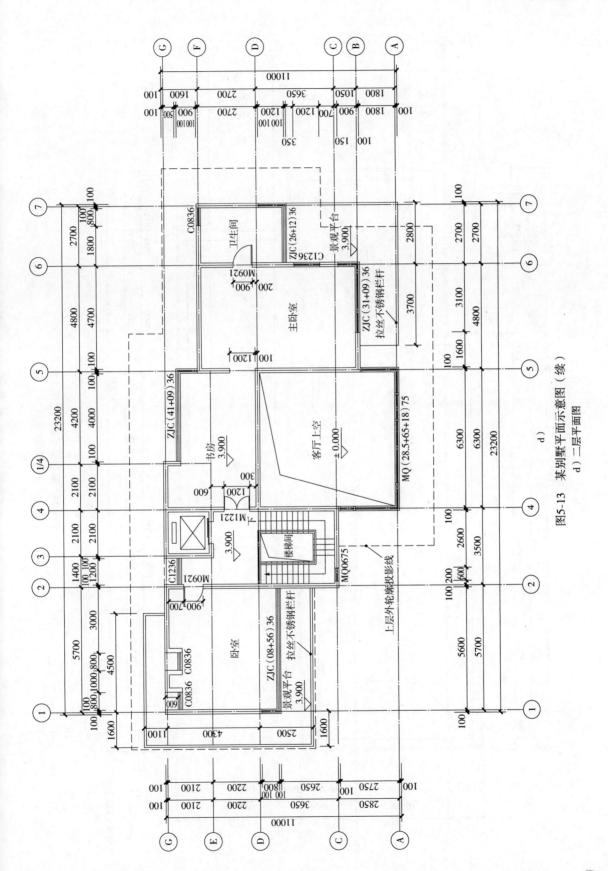

图5-13 某别墅平面示意图（续）

d) 二层平面图

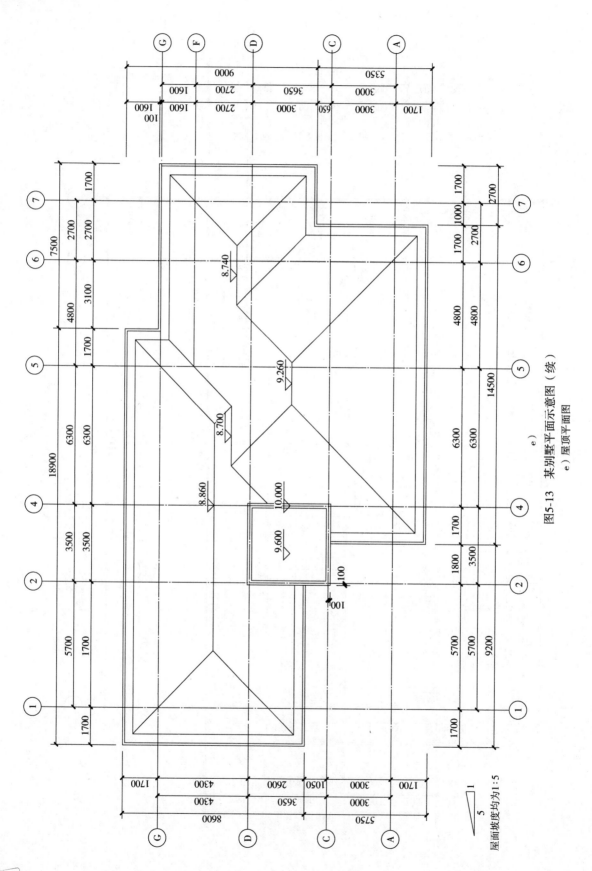

图5-13 某别墅平面示意图（续）

e）屋顶平面图

屋面坡度均为1:5

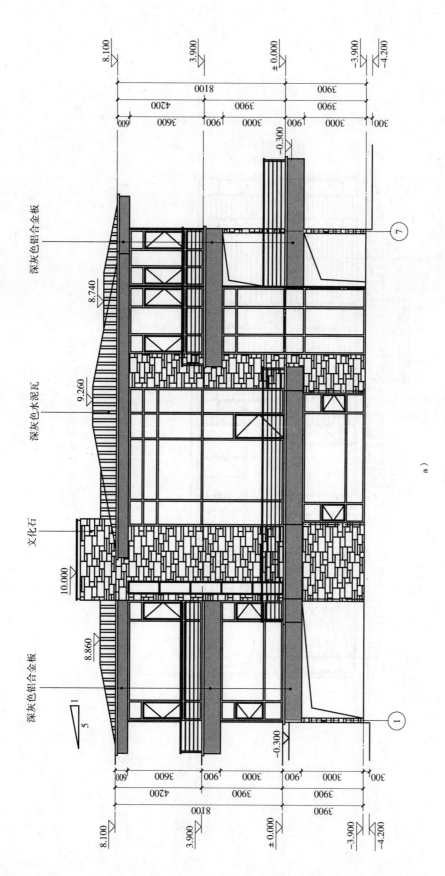

图5-14 某别墅立面示意图
a) 南立面图

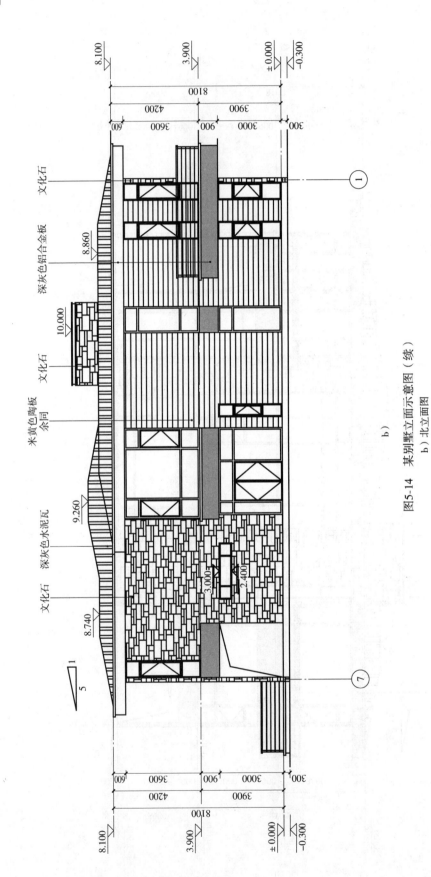

图5-14 某别墅立面示意图（续）

b）北立面图

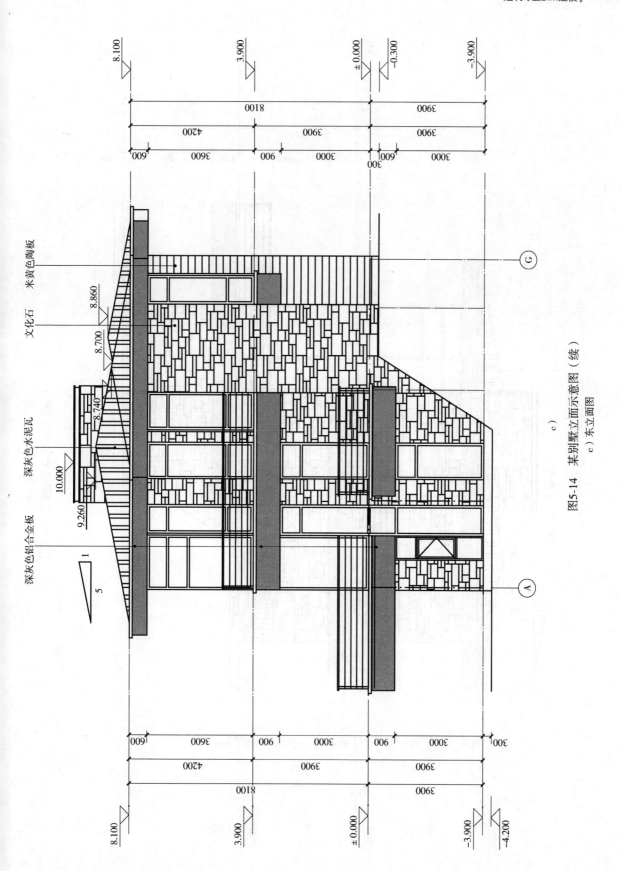

图5-14 某别墅立面示意图（续）

c）东立面图

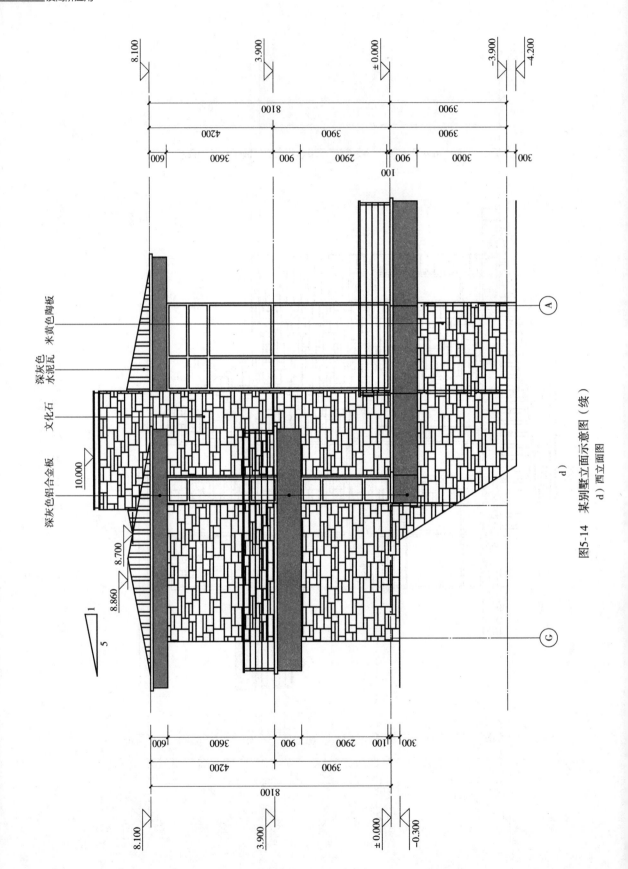

图5-14 某别墅立面示意图（续）
d）西立面图

5. 如何在 Revit 中创建带有定制标记的柱族类型？

6. 如何在 Revit 中创建自定义的门族类型，并将其放置在墙壁中？

7. 如何使用 Revit 的顶部视图工具创建屋顶？如何修改屋顶的形状和高度？

8. 如何在 Revit 中创建基于面板的家具，如书架或橱柜？

9. 如何使用 Revit 的剖面视图工具创建建筑物的剖面图，并标注建筑物的高度和尺寸？

第6章 给水排水专业 BIM 建模

知识目标

1. 了解给水排水系统分类及专业构件组成。
2. 熟悉 Revit 给水排水专业 BIM 建模流程。
3. 掌握给水排水专业 BIM 建模方法以及利用 Revit 插件快速建模的方法。

技能目标

1. 能够运用 Revit 进行给水排水专业 BIM 建模样板设置。
2. 能够根据给水排水专业施工图运用 Revit 进行给水排水专业 BIM 建模。
3. 能够应用 Revit 插件进行给水排水专业 BIM 快速建模。

6.1 给水排水专业内容

6.1.1 给水排水分类及组成

建筑内部的给水排水系统是一个复杂的体系，由给水干管和室外的排水管道组成。其中，给水系统的水源来自于小区的给水管，而室内的污水和废水则需要经过排水检查井的处理，以确保安全和卫生。

1. 建筑内部给水系统

（1）室内给水系统的分类

1）生活给水系统：供给人们饮用、洗涤、烹饪等生活用水。

2）生产给水系统：供给生产设备冷却、原料和产品的洗涤以及各类产品制造过程中所需的生产用水。

3）消防给水系统：供给各类消防设备灭火用水。

（2）室内给水系统的组成 室内给水系统由多个构件组成，见表6-1。

表 6-1 室内给水系统组成

给水系统组成	描述
引入管	将室外供水系统和住宅内的供水系统连接起来的管道，通常被称为"进户管"
水表	安装在引入管上的水表及其前后设置的阀门和泄水装置的总称，是测量水流量的仪表，大多是水的累计流量测量

（续）

给水系统组成	描述
给水管道系统	建筑内部由给水水平干管或垂直干管、立管、支管等组成的系统。给水管道主要采用钢管和铸铁管
给水排水管道附件	一种通过在管线内安装不同种类的阀门来实现对水位、水质、水流方向、管线仪器和设备进行监测、维护和保养的装置
用水设备	卫生器具、消防设备和工业用水设备等
升压和储水设备	为了确保给水的安全与稳定，特别是当室外给水管网的水压不充足时，需设置水泵、水箱、气压给水设备和储水设备等，以确保给水系统的正常运行

2. 建筑内部排水系统

（1）室内排水系统分类　常见的排水系统分类见表6-2。

表6-2　常见的排水系统分类

排水系统分类	描述
生活排水系统	排除建筑内生活中的污水、废水的排水系统，分为排污和排废，排出的废水经过处理后，还可以变为冲洗厕所或灌溉绿化等用的杂用水
工业废水排水系统	工业废水排水系统旨在有效地处理和综合利用工业生产过程中产生的污染物，根据污染程度的不同，将其分为两类：一类是严重污染的，需要进行特殊的处理，以达到排放标准；另一类是轻度污染的，可以将其作为杂用水进行回用
雨水排水系统	通过安装屋顶雨水收集系统，可以有效地收集来自大型建筑物和高楼大厦的雨水和雪水

（2）室内排水系统的组成　卫生器具与工业设施的安装与维护对于保证室内环境的健康至关重要。它们不仅能够满足人们的基本需求，还能够有效地处理并减少对环境的影响。例如厕所、坐便器、洗手池、洗澡池、地漏等。

排水系统由多个部分组成，包括横向支撑、竖向支撑、埋入地下的总支撑以及将污水排放到室外的排放管道。这些部分相互联系，为使用者提供了便捷的排水服务。

6.1.2　给水排水工程图的识读内容与技巧

在阅读建筑的供水和排水系统的设计图时，通常会根据水的流动方向来进行查看。供水系统的读图顺序是：从入户管开始，到干管、立管，再到水平横管、支管，最后到放水龙头。而排水系统的读图顺序则是：从卫浴装置开始，到排水支管、横管，再到排水立管、干管，最后到排出管。在读图时，可以按照由简单到复杂的顺序，首先浏览基础的说明及图例，然后是平面图、系统图以及详图。

1. 平面图

从底层开始，仔细阅读给水排水工程的平面图，从中提取出有关的信息，包括但不限于：

1）给水系统的入口和排水系统的出口的位置、方向以及系统编号。

2）给水排水系统的支干管、立管平面位置、走向、直径、编号。给水排水立管通常沿墙体、柱敷设，或者立于管道井内，给水水平管通常敷设在当层吊顶内，当层卫浴装置的排水水平管通常敷设在下层吊顶内。

3）卫浴装置和用水器具的摆放位置、型号、规格和数量等。

4）水泵和水箱等升压设备的安装位置、型号、规格以及数量等。

5）水管道和消防阀的安装方式、类别和尺寸，水管的材料、类别和直径，以及消火栓的类别、安装方式等。

2. 系统图

在阅读给水排水系统图时，首先要记住给水管道的入口和排水管道出口的编号，然后仔细查看平面图，以便更好地理解每一条管道的结构和功能。

1）给水系统图：可以看出给水方式、地下室水池和屋顶水箱或气压给水装置的设置情况、管道的具体走向、干管的敷设方式、管径尺寸及变化情况、阀门和设备以及引入管和各支管的标高。

2）排水系统图：可以读出排水管的走向、直径、坡度、安装位置、存水弯类型、三通伸缩阀和安装的防护罩，以及使用的弯头和三角阀。

3. 详图

建筑给水排水工程的详细信息包括水表、管道连接处、卫浴装置、排水设备、室内消防设施等。详图阅读可以了解构造尺寸、材料的种类、数量，以及管道与设备连接相对位置关系。

6.1.3　给水排水专业构件

了解了给水排水系统分类和组成后，来看一下模型部分。给水排水构件主要由管道、管件、管路附件、卫浴装置、机械设备几大构件组成，如图6-1所示。

图6-1　给水排水构件
a）管道　b）管件　c）管路附件　d）卫浴装置　e）机械设备

6.2　快速建模

6.2.1　给水排水模型创建

给水排水管道绘制在Revit文件-机械样板-系统-卫浴和管道模块之下。打开Revit，新建项目，选择机械样板，找到系统模块对应的卫浴和管道模块进行给水排水模型创建，如图6-2所示，根据绘图习惯，打开楼层平面视图，选择管道，快捷键PI，进入管道绘制界面。

图6-2　卫浴和管道模块

管道绘制过程中有一些操作设置：

1）通过管道类型的创建，可以在系统配置中调整布管系统的配置，一般根据设计说明及图纸图例进行布管设置。

2）根据需要进行新建管段材质和新建尺寸，新建管段材质进入材质浏览器界面。

3）新建或复制材质，右键重命名，进行外观、图形、标识等编辑。

4）管段设置完毕后进行管道布置，选择直径，即管道尺寸；选择偏移量，即管道相对当前参照标高的中心高度。

5）在项目浏览器中找到族-管道系统，根据所绘制管道功能用对应管道系统进行右键复制，重命名，双击进入类型属性编辑，选择相应材质。

6）管道尺寸、标高、系统类型、材质等均设置完毕后开始管道绘制，空白处单击输入管道起点，移动鼠标指针至管道终点单击，出现警告提示：所绘制管道在平面视图中不可见，如图6-3所示。

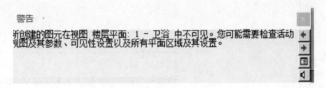

图6-3　不可见警告提示

这种情况首先检查属性-视图范围，查看管道标高是否在底部至顶部可见范围内，不可见情况下调整视图范围至包含管道标高，如图6-4所示。

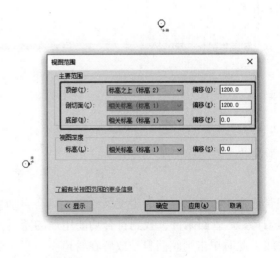

图6-4　视图范围设置

视图范围调整完毕，管道仍不可见的情况下再通过快捷键 VV 查看可见性，模型类别及过滤器对应管道及构件均打勾显示。

7）一般管道绘制默认采用水平中心对正垂直中心对正注意参照标高位置不要选错，一般在哪个楼层平面绘制，则会默认该楼层为参照标高，选中该段管道可见该段管道长度及两头标高，如图 6-5 所示。

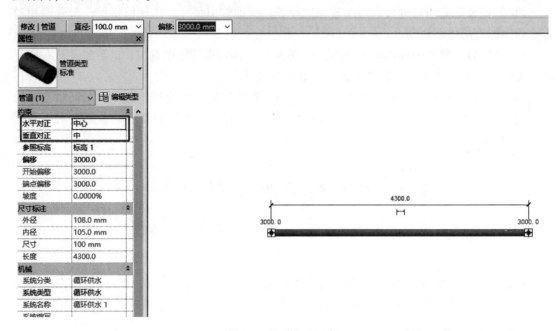

图 6-5　管道参照标高

8）选中管道，将鼠标指针放置任意一侧"＋"号位置，显示变红色即可进行拖曳管道，"＋"号处右键－绘制管道，可继续向前绘制，也可拐弯绘制，拐弯则会自动生成弯头，如图 6-6 所示。

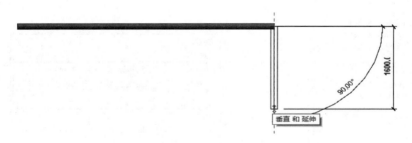

图 6-6　管道绘制

相同管道系统、相同标高管道交叉绘制，则会自动生成三通及四通管件。

9）选择系统-管路附件，找到符合功能用途的阀门，对应管道尺寸，放置管道中心上会出现预选线，此时单击则阀门自动放置在管道上，且一般颜色会自动与管道颜色一致。

10）管道绘制完毕，在对应位置放置卫浴装置，选中卫浴装置可见有进水接口及出水接口，右上角布局-连接到功能可将卫浴装置与管道连接，选择连接到-选择连接件-选择管道即可。

同样的机械设备有进出管道连接件，选择连接到功能，可将设备与管道连接。

6.2.2 快捷键设置

想要快速建模，首先要掌握各类操作快捷键，将大大提高建模效率。快捷键设置方式如下：

1）在 Revit 软件中，选择文件，在下拉菜单选择"选项"。

2）在"选项"窗口选择"用户界面"。

3）在"用户界面"窗口中，可以找到快捷键"自定义"，然后单击"自定义"即可使用。

4）单击"自定义"按钮会弹出"快捷键"窗口。

5）"快捷键"窗口中提供了多种快捷键，用户可以根据需要轻松调整或更换，具体操作步骤如下：输入新的快捷键，单击"确定"，如图6-7所示。

图6-7　快捷键设置

快捷键设置一般是两个字母，也可以选择一个字母＋空格的方式，设置时可根据自身的记忆习惯及操作习惯，给使用快捷键增添便利度。当快捷键记不起来的时候，把鼠标指针放置在菜单图标上，存在快捷键的会自动显示出来它的快捷键字母。

6.2.3 巧用插件

快速建模除了使用快捷键之外，巧用插件也能够帮助建模人员快速完成建模工作。常用的建模插件详见4.2.1插件介绍。

6.2.4　操作步骤

这里建模操作仍以橄榄山为例，讲述如何巧用插件使建模工作事半功倍。

机电样板的选用可以为整个建模工作节省大量前期设置工作，首先打开 Revit 软件，新建项目，选择橄榄山自带的机电样板，样板已经将项目浏览器及过滤器等设置完毕。

导入图纸操作参见 4.2.2 中的 CAD 处理，通过管道翻模找到读取管道 DWG 数据，如图 6-8 所示。

1）"点取管道起点"可以用来在图上快速定位管道树的起点，例如喷淋和给水。如果没有使用捕捉模式，可以按 F3 键来启用。这样，就可以精确地定位到水平管的起点了。之后程序会根据这个起点搜索出其后面相连的所有管道，并导出去。通过多次单击 F3 键，用户可以快速地将多个管道树的位置信息连接起来，从而实现一次性导出多个管道树的功能。

2）"点选管道"被激活，它将帮助用户在 DWG 中创建各种不同的管道（喷淋、给水等）。可以通过多次单击该按钮，来获取若干个独立的图层。

3）当设计图将上喷头和下喷头放置在同一个图层中，但两者的图块名称却不同

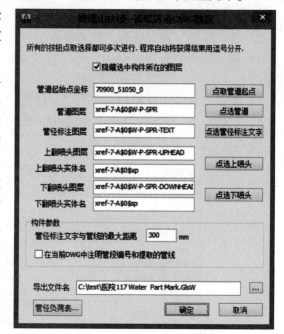

图 6-8　读取管道 DWG 数据

（外观也不一样）时，可以通过单击"上喷头"，来选择上喷头，然后再单击"下喷头"，从而获取下喷头的图层及其实体名称。

在 DWG 中，为了更好地区分不同的喷头，建议将梁下的喷头图块替换成单独的上喷图层，或者将其命名为其他名称，以便更加清晰地将上喷头与下喷头区分开来。使用这个命令，可以快速提取出上喷和下喷，并使用 Revit 将它们自动生成。

4）通过单击管径负荷表，进入管径对应喷头关系对话框。根据设计说明选择不同的危险等级，也可以自定义设置。

5）通过 CAD 的命令行，用户可以在 DWG 上精确定位管道 3D 模型的位置，而且还可以利用 CAD 的捕捉功能，更加精准地定位出 CAD 模型的位置。

6）根据 DWG 中导出管道的规模不同，可能会在几秒到几分钟的时间内程序自动完成管道数据的提取。运行结束后，会在命令行显示导出了几个管道树，每个管道树里面导出了多少个管段，总共耗时和提取出来的中间文件的路径和文件名。

7）启动 Revit，发现橄榄山快模板块，通过重新构建一个模型，或者在现有的模型基础上，实现自动化的管道建模。

8）橄榄山为用户提供了多种管件族，包括直接连接、弯曲连接、三通和四通卡箍，以满足不同的要求。

9）Revit 橄榄山快模界面可以执行管道翻模命令，如图 6-9 所示。

图 6-9　管道翻模命令

10）完成翻模后，系统会弹出一个对话框，详细说明翻模的耗时，以及可能出现的各种问题的记录，选择 Yes，查看管道翻模成功，如图 6-10 所示。

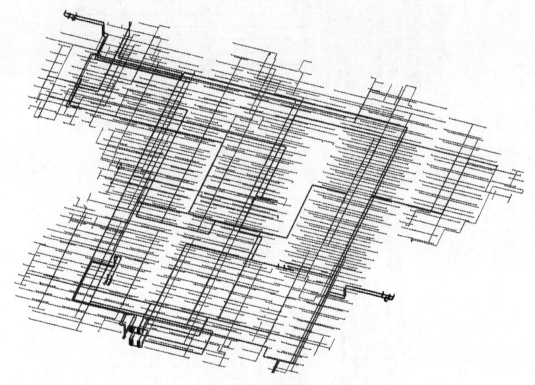

图 6-10　喷淋管道翻模成功

6.3　模型应用案例

6.3.1　给水排水模型辅助算量

图纸建模完成后根据模型出具管道明细表，包括管道系统、材质、尺寸和长度，模型足够精细的情况下还可以出具阀门附件及设备的明细表，精确统计工程量，辅助项目概算、预算，如图 6-11 和图 6-12 所示。

	A		B	C	D	E
		管道明细表				
	管道类型		尺寸/mm	长度/m	合计/个	工程量/m
	J2_高区给水-不锈钢管+卡压		40	3.82	1	3.82
	J2_高区给水-不锈钢管+卡压		25	0.69	1	0.69
	J2_高区给水-不锈钢管+卡压		25	0.41	1	0.41
	J2_高区给水-不锈钢管+卡压		32	0.28	1	0.28
	J2_高区给水-不锈钢管+卡压		50	0.54	1	0.54
	J2_高区给水-不锈钢管+卡压		15	0.01	1	0.01
	J2_高区给水-不锈钢管+卡压		50	1.45	1	1.45
	RJ2_高区热水给水-不锈钢管+卡压		32	0.54	1	0.54
	RJ2_高区热水给水-不锈钢管+卡压		80	0.74	1	0.74
	RJ2_高区热水给水-不锈钢管+卡压		80	0.38	1	0.38
	RJ2_高区热水给水-不锈钢管+卡压		25	0.45	1	0.45
	RJ2_高区热水给水-不锈钢管+卡压		25	0.14	1	0.14
	RJ2_高区热水给水-不锈钢管+卡压		32	0.67	1	0.67
	RJ2_高区热水给水-不锈钢管+卡压		40	0.18	1	0.18
	RJ2_高区热水给水-不锈钢管+卡压		40	0.61	1	0.61
	RJ2_高区热水给水-不锈钢管+卡压		40	0.01	1	0.01
	RJ2_高区热水给水-不锈钢管+卡压		40	0.41	1	0.41
	RJ2_高区热水给水-不锈钢管+卡压		40	0.05	1	0.05
	RJ2_高区热水给水-不锈钢管+卡压		40	0.17	1	0.17
	RJ2_高区热水给水-不锈钢管+卡压		40	0.02	1	0.02
	RJ2_高区热水给水-不锈钢管+卡压		20	0.63	1	0.63
	RJ2_高区热水给水-不锈钢管+卡压		15	0.64	1	0.64

管道明细表 | 管件明细表 | 管道附件明细表 | 卫浴装置明细表 | 机电设备明细表

图 6-11　管道明细表

A	B	C
	管件明细表	
水管管件类型	尺寸	合计/个
丝接-三通-标准	40 mm-32 mm-32 mm	1
丝接-三通-标准	50 mm-50 mm-32 mm	1
丝接-三通-标准	70 mm-70 mm-32 mm	1
丝接-三通-标准	32 mm-32 mm-20 mm	1
丝接-三通-标准	32 mm-32 mm-25 mm	1
丝接-三通-标准	32 mm-32 mm-20 mm	1
丝接-三通-标准	32 mm-32 mm-25 mm	1
丝接-三通-标准	32 mm-32 mm-20 mm	1
丝接-三通-标准	32 mm-32 mm-25 mm	1
丝接-三通-标准	32 mm-32 mm-20 mm	1
丝接-三通-标准	80 mm-80 mm-80 mm	1
丝接-三通-标准	32 mm-25 mm-25 mm	1
丝接-三通-标准	50 mm-50 mm-25 mm	1
丝接-三通-标准	32 mm-25 mm-25 mm	1
丝接-三通-标准	32 mm-25 mm-25 mm	1
丝接-三通-标准	50 mm-40 mm-25 mm	1
丝接-三通-标准	40 mm-32 mm-25 mm	1
丝接-三通-标准	32 mm-25 mm-25 mm	1
丝接-三通-标准	50 mm-32 mm-32 mm	1
丝接-三通-标准	32 mm-25 mm-25 mm	1
丝接-三通-标准	32 mm-32 mm-25 mm	1
丝接-三通-标准	50 mm-40 mm-32 mm	1

管道明细表 | 管件明细表 | 管道附件明细表 | 卫浴装置明细表

图 6-12　管件明细表

6.3.2　辅助支吊架布置

支吊架布置在施工阶段是让现场人员比较头疼的工作，管道创建完毕，可以利用模型进行支吊架布置，如图 6-13 所示。通过单击已放置的支吊架模型在属性中修改相应的参数需求，修改合适后进行支吊架验算，如图 6-14 所示，验算不满足情况下，对支吊架再行调整，直到满足受力，如图 6-15 所示，出具支吊架计算书，还可以出具支吊架材料表，辅助现场下料。

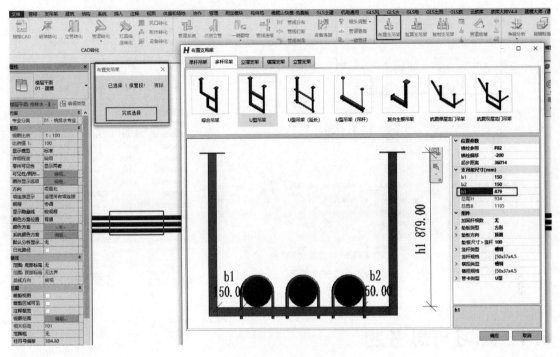

图 6-13　支吊架布置

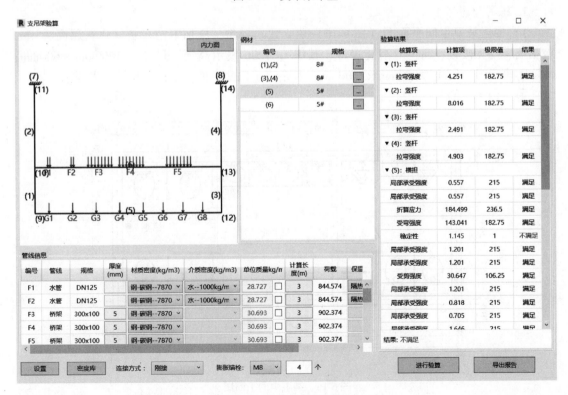

图 6-14　支吊架验算不满足

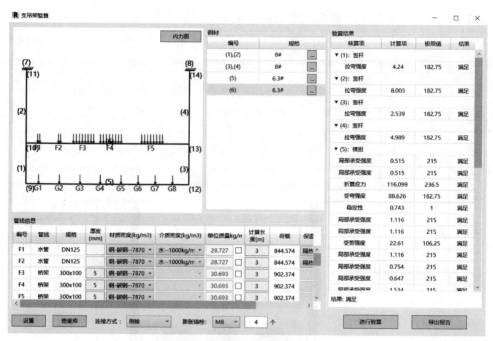

图 6-15　支吊架验算满足

6.4　练习与思考题

1. 练习与思考1

1) 根据某卫生间平面图（图 6-16）建立建筑模型，添加卫浴设备，建筑层高为 4m，包括墙、门、楼板、窗、卫浴装置等，其中 GC1206 表示高窗，尺寸为 1200mm × 600mm；M0921 表示门，尺寸为 900mm × 2100mm；其余表示以此类推，未标明尺寸不做要求。

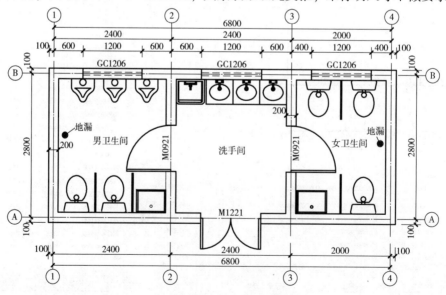

图 6-16　某卫生间平面图
注：GC1206 底标高 2.200m。

2）根据各主管的分布位置，自行设计各房间内的给水排水路由，其中排水管坡度不小于8‰。给水排水管道穿墙时开洞情况可以忽略，洗手盆热水管道可以不考虑。

2. 练习与思考2

1）根据图6-17创建简单的建筑模型，包括墙、柱、门等，其中墙厚200mm，柱尺寸为600mm×600mm，楼梯不做要求，未标明尺寸不做要求。

2）根据图6-17、图6-18、表6-3，自行制作一个完整的水泵房管道和设备模型，并对其中的每一种消防水管做出精确的标记，其中，水泵吸入管的颜色采用了深红，泄压排水管则采用了深绿，实验放水管则采用了深蓝。

3）在管道系统中，所有的阀门都应该按照图6-18、表6-3进行安装。

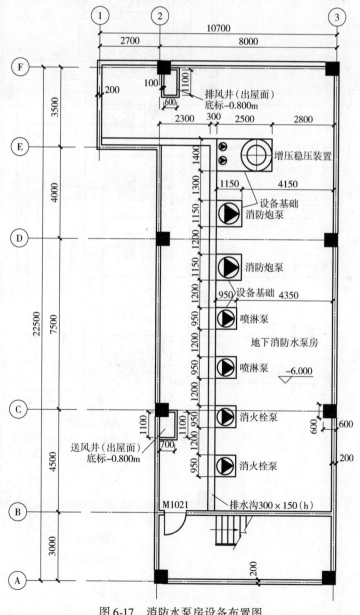

图6-17 消防水泵房设备布置图

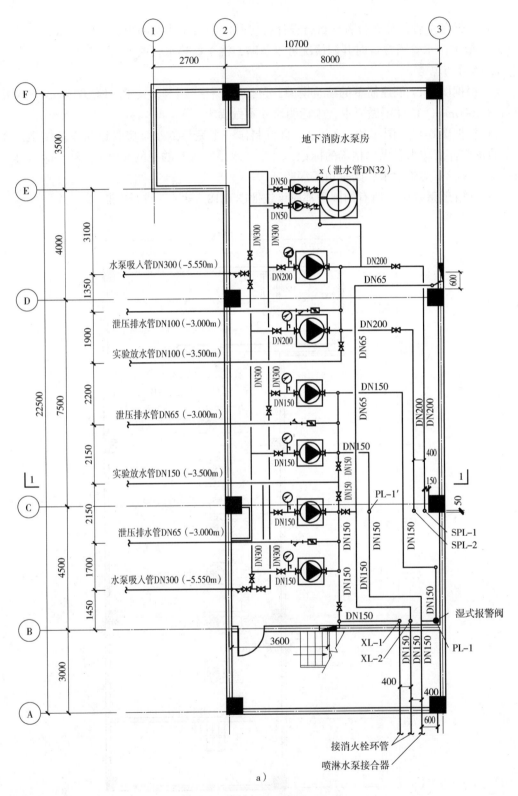

图6-18　消防水泵房管道示意图

a）布管图

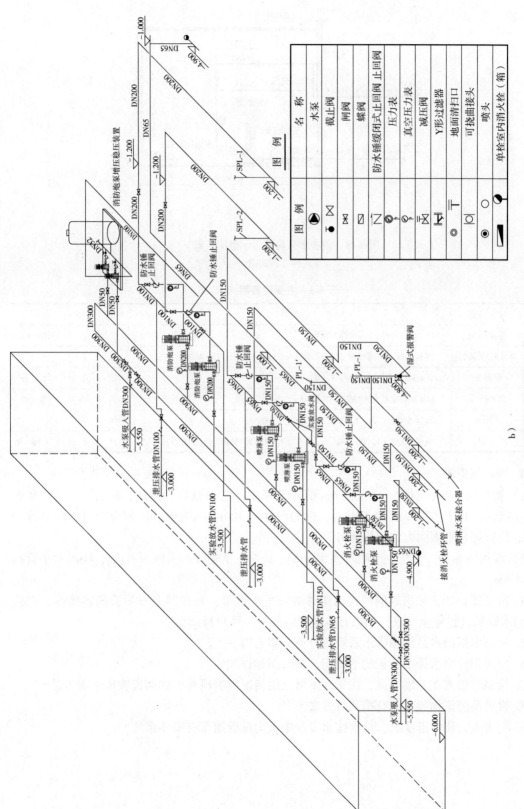

图6-18 消防水泵房管道示意图（续）

b）接管系统图

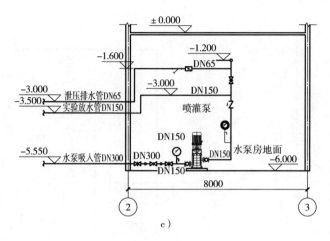

c）

图 6-18　消防水泵房管道示意图（续）

c）1—1 剖面图

表 6-3　主要设备明细

序号	设备名称	参数	单位	数量	备注
1	消防炮泵	$Q=40L/s$ $H=1.4MPa$ 90kW	套	2	一用一备
2	增压稳压装置	容积600L 稳压水泵 15kW/380V　一用一备 压力 1.40MPa	套	1	
3	喷淋泵	$Q=30L/s$ $H=0.6MPa$ 37kW	套	2	一用一备
4	消火栓泵	$Q=20L/s$ $H=0.4MPa$ 30kW	套	2	一用一备
5	送风机	风量 5500m³/h，1.5kW/380V 全压 300Pa	台	1	SF-1
6	排风（烟）机	风量 6000（12000）m³/h，3.3（4.0）kW/380V 全压 592/148Pa	台	1	PF（Y）-1

3. 练习与思考3

1）按照图 6-19，创建一个层高 6m 的建筑模型，它由轴网、墙壁、柱、门、窗、楼板等构件组成，其中墙壁厚度为 200mm，柱的尺寸为 700mm×700mm，窗台距地面的高度为 0.9m，门窗等与平面图大致相符即可。

2）根据图 6-19，创建一个喷淋系统模型，其中，下喷头的高度为 4.0m，喷淋水平管高度在 4.5m。

4. 按照图 6-20，采用族的形式构建淋浴水龙头模型，并在其上安装管道连接件，以确保其与水管的直径完全一致，如果有未说明的部分，请自行调整。

5. 建筑内部给水系统和排水系统的分类分别有哪些？

6. 如何识读给水排水工程的平面图、系统图和详图？

7. 绘制的管道在三维可见、在平面不可见的情况都有哪些？如何设置成平面可见？

8. 管道系统添加颜色都有哪几种方式？

9. 何为重力流管道系统，给水排水专业中重力流管道都有哪些系统？

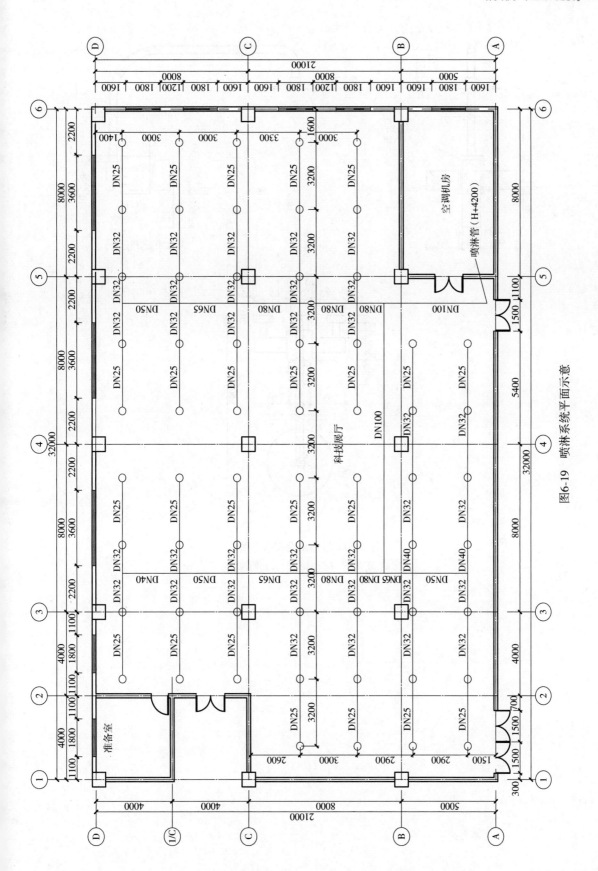

图6-19 喷淋系统平面示意

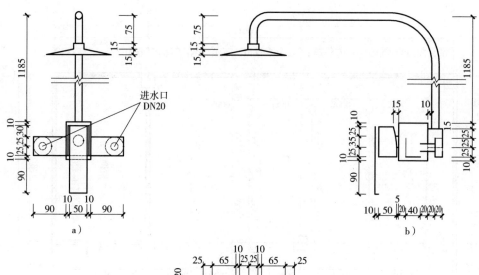

进水口
DN20

a)

b)

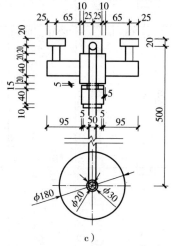

c)

图 6-20 淋浴水龙头示意图

a) 正视图 b) 侧视图 c) 俯视图

第 7 章　暖通空调专业 BIM 建模

知识目标

1. 了解暖通空调系统分类以及暖通空调专业构件组成。
2. 熟悉 Revit 暖通空调专业 BIM 建模流程。
3. 掌握暖通空调专业 BIM 建模方法以及利用 Revit 插件快速建模的能力。

技能目标

1. 能够运用 Revit 进行暖通空调专业建模。
2. 能够根据暖通空调专业施工图运用 Revit 进行暖通专业 BIM 建模。
3. 能够应用 Revit 插件进行暖通空调专业 BIM 快速建模。

7.1　暖通空调专业内容

7.1.1　暖通空调工程的主要功能

在暖通空调工程的主要功能、暖通空调系统的简介以及暖通空调工程的主要设备三大方面来了解暖通空调工程。

1）暖通空调工程通过引入新技术，可以有效地控制室内的温度、湿度，从而减少因季节变化而带来的不良影响，同时也可以节省能源，将空气中的热量、水分有效地运输，从而创建出让人们身心愉悦的室内氛围。

2）暖通空调工程能够确保建筑物中的各种机械和部件顺利地进行操作，并且保证室内环境适宜的温度和湿度。

3）根据消防法规要求，暖通空调系统不仅可以有效地控制火势，而且可以采取措施，如安装机械通风系统，有效地将火焰中的有害物质抽离，并将清洁空气引进室内。

4）大多数有地下室或没有外部通风系统的建筑，通过采用机械式的通风系统来控制和改善室内的温度和湿度，从而达到良好的舒适度和节能效果。

7.1.2　暖通空调系统的简介

暖通空调系统是一种广泛应用的技术，它不仅能够满足采暖、通风、空调和冷热源等需求，还能够为建筑内部空间带来舒适的工作环境和生活环境。因此，它在建筑设计中扮演着至关重要的角色。

1. 采暖系统简介

采暖系统是一种能够提供舒适的室内环境的技术，它由热源、供热装置、散热设备和管道等组成，能够将室内的温度调节至适宜的水平，从而满足人们的日常需求。根据热媒的不同，采暖系统可以分为低温、中温、高温、低压蒸汽和高压蒸汽，而散热设备则可以分为散热器、辐射和热风机等。

2. 通风系统简介

一般来说，通风系统可分为两种：一种是采用机械通风方式，即以风机为动力，通过风道实现空气的定向流动；另一种是采取自然通风方式，即利用建筑门窗的开启，达到室内通风换气的目的。

在民用建筑中，通风系统根据使用功能区分主要有排风系统、送风系统、防排烟通风系统，也有在燃气锅炉房等使用易燃易爆物质或其他有毒有害物质的房间设置事故通风系统、厨房含油烟气的通风净化处理系统等。

3. 空调系统简介

空调系统是一种用于调节室内空气质量的系统，它通过处理、输送和分配空气来控制室内温度和湿度。

空调系统可以按照室内热湿负荷所用介质来划分，例如：全空气系统、全水系统、空气-水系统、制冷剂系统，见表7-1。

表7-1　空调系统分类

空调系统分类	特征及用途
全空气系统	全空气系统的特征是室内负荷全部由处理过的空气来负担，由于空气的比热、密度比较小，需要的空气流量大、风管断面大、输送能耗高。这种系统在体育馆、影剧院、商业建筑等大空间建筑中应用广泛
全水系统	全水系统具有节约能源、提高效率的优点，它可以将室内的水分均匀地分布到各个部位，并且输送断面小，从而降低能耗。然而，由于它缺乏通风换气的功能，因此，在实际工程中，它的应用并不多见，通常需要与通风系统结合使用
空气-水系统	空气-水系统是全空气系统和全水系统的结合，由处理过的空气和水一起负担室内负荷，具有独特的优势，典型的是风机盘管 + 新风系统。该系统通常被广泛使用于如酒店、办公楼、居住建筑等
制冷剂系统	负担室内热湿负荷的介质是制冷剂，众多空调系统中，制冷剂的输送能量损失是最小的。近年来，随着科学技术的发展，VRV、MRV、HRV 等变制冷剂流量多联分体式空调系统已经成为一种广泛使用的空调系统，常见的居民家里的壁挂空调即为分体式空调

7.1.3　暖通空调工程的主要设备

设备是暖通空调工程提供冷热源、输送动力、热能转换等的心脏。提供冷热源的设备主要指空调主机，包含制冷机组、供热锅炉等，它们通过输入能量，制造或产生人们需要的冷量或热量；提供输送动力的设备主要指水泵和风机，它们提供了输送动力，使得流体按人们的需要流动；热能转换则是根据人们的需要将流体中的热能通过换热装置置换出来，常见的汽-水换热器、水-水换热器和空气-空气换热器均属于此范畴。常使用的风机盘管、空气处理机组等设备组合了风机与换热盘管，既提供了空气输送动力又提供热能交换，一般被称为空调末端设备。

1. 空调冷源设备

由于集中式空调系统需求的范围较广，其承受的压力也较高，因此，其冷却剂的容量很大。在建筑物的总体能耗中，冷却剂的使用对于项目的成本、维护成本以及最终的节约都至关重要。冷源设备在空调系统中起着至关重要的作用。

空调工程中常用冷源的制冷方法主要分为两大类：一类是蒸汽压缩式制冷，另一类是吸收式制冷。压缩式制冷根据压缩机的形式可以分为活塞式（往复式）、螺杆式和离心式等，一般利用电能作为能源；吸收式制冷根据利用能源的形式可以分为蒸汽型、热水型、燃油型和燃气型等，后两类又被称为直燃型，这类制冷机以热能作为能源。根据冷凝器的冷却方式又可分为水冷式、风冷式；根据机型结构特点还有压缩机多机头式、模块式等，表7-2是空调冷源设备的一些分类。

表7-2　空调冷源设备分类

空调冷源设备	特征及用途
电制冷水冷式冷水机组	水冷式冷水机组是一种高效的空调系统，它通过使用高温的蒸馏器、凝结器、过滤器、调温器、温度传感器等部件来实现空气调节。它的设计灵活，可以根据各种工况选择各种冷凝方法。通过对比可以发现，各种类型的压缩机可以制造出各种各样的冷却系统，包含离心机式、蜗杆式、气缸式以及涡流式等
电制冷风冷热泵机组	通过使用压缩机来实现对空气的压缩，可以生产出具备良好性能的空调系统。这些压缩机可以分为三种：螺杆式、涡旋式和混合式。在这些压缩机中，螺杆式压缩机常常应用在较为庞大的空调系统中，而涡旋式和混合式压缩机则更常见 通过安装四通换向阀，风冷式热泵机组具有良好的换气性，并且具有蒸发器和冷凝器的交换性，因此它既具有良好的夏季换气性，又具有良好的冬季换气性，COP值也超过3.0，大大降低了对空调的需求，因此它被普遍采用，但也存在一定的弊端，比如夏季换气性较差，冬季会出现结霜的情况，影响供暖的质量
溴化锂吸收式冷水机组	溴化锂吸收式冷水机组是一种先进的冷却技术，它是利用水在高真空度状态低沸点蒸发吸收热量而达到制冷目的的制冷设备。溴化锂水溶液作为吸收剂吸收其蒸发的水蒸气，从而可以实现连续运行，实现制冷效果 直燃型溴化锂吸收式冷水机组具有双重功能：夏季能够实现冷却，而在冬季则能够实现加热，不仅能够满足冷却、加热的需求，而且能够为居民的日常需求带来更加便捷的服务，实现了一机两用，大大提高了能源利用率

2. 空调热源设备

根据建筑所使用的热源，燃煤锅炉能够大致划分为蒸汽燃煤锅炉、电热水器锅炉、燃煤锅炉、汽油锅炉、煤气锅炉、电燃煤锅炉以及热泵燃煤锅炉。此外，根据建筑所处的环境，还有真空锅炉、承压燃煤锅炉以及其他各式各样的燃煤锅炉，表7-3是空调热源设备的一些分类。

表7-3　空调热源设备分类

空调热源设备	特征及用途
蒸汽锅炉	随着技术的进步，蒸汽锅炉的种类越来越丰富，既有传统的燃煤锅炉，又有新型的燃油锅炉、燃气锅炉，它们都具有良好的环境友好性，特别适合于城市的发展。然而，由于燃料成本高昂，加上目前的技术水平，目前仍然主流的还是燃气锅炉
热水锅炉	热水锅炉可以按照其承受的压力分为承压型、常压型和真空型
热泵设备	热泵是一种用于供暖和加湿的装置，它具备高效的控温和除湿系统。它的特点是蒸汽和凝结器之间的转速较快，因此它具备快速、高效的供暖和除湿的特性。它还可以用于处理各种来自不同来源的温度和湿度

3. 流体输送设备与空气处理设备

水泵和风机是经常使用的流体输送设备，它们可以将热量传递到需要的地方，但同时也会产生额外的能量消耗，流体输送设备及空气处理设备分类见表7-4。

表7-4 流体输送设备和空气处理设备分类

设备分类	特征及用途
水泵	在暖通空调系统中，水泵的选择是非常重要的。常见的水泵包括清水泵、热水泵，清水泵能够将0~80℃的液体进行输送，热水泵能够将130℃以下的液体进行输送。对于蒸汽锅炉的给水泵，为了满足低流量、高扬程的需求，通常会选择使用多级泵来实现
风机	在暖通空调领域，机组的种类繁多，根据它们的运动机制，一般分成三类：离心型、轴流式、斜流式。它们的优势在于流量更加宽泛，风压更加稳定，而且流量更加宏观 风机按照输送介质特点，可以分为多种类型，包括防爆型、防腐型、锅炉引风机和消防排烟风机
热交换设备	热交换设备根据热媒的种类可分为汽-水换热器、水-水换热器；根据热交换方式可分为表面式热交换器和直接式热交换器；根据换热器的体积可以将其分为容积式换热器、半容积式换热器和即热式换热器
空气处理设备	空气处理设备常被称为空调末端设备，用于对房间送风进行冷却、加湿、加热及空气净化等，比如风机盘管、组合式空调机组、空调器等

7.1.4 暖通空调构件

暖通空调系统识图规则与给水排水系统相似，这里不再赘述。暖通空调系统的构件包括风管、风管管件、风管附件、风道末端和机械设备，如图7-1所示。

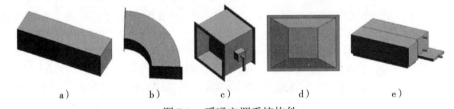

图7-1 暖通空调系统构件
a）风管 b）风管管件 c）风管附件 d）风道末端 e）机械设备

以上示例为矩形风管，圆形风管对应的管件、附件等截面为圆形。

7.2 快速建模

7.2.1 暖通模型创建

与给水排水专业建模一样，采用机械样板，暖通空调建模是在系统-HVAC模块之下，如图7-2所示。

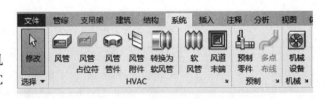

图7-2 暖通空调系统模块

暖通空调模型的创建与给水排水模型的创建类似，此处不再赘述，需要注意的有以下几点。

1）矩形风管绘制时的水平对正与垂直对正和偏移量的关系，如图7-3、图7-4所示。比如同样尺寸800mm×400mm的两根矩形风管，绘制时同样都是在相同参照标高，偏移量

3000mm 高度绘制，水平对正都是中心，区别就是风管 A 是垂直中心对正，风管 B 是垂直底对正，可见图 7-3 与图 7-4 的对比：垂直中心对正的风管 A，中心高度是偏移量高度 3000mm，底标高是 2800mm；而垂直底对正的风管 B，底标高为开始 3000mm 偏移量绘制高度，中心高度为 3200mm。

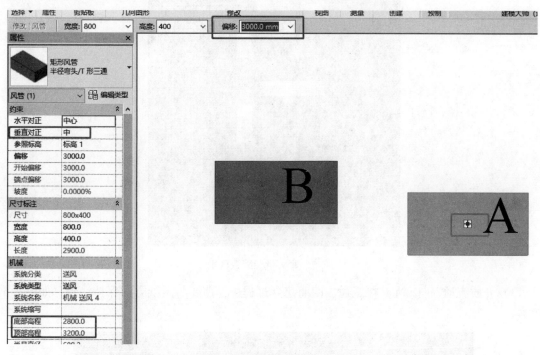

图 7-3　风管绘制垂直中心对正

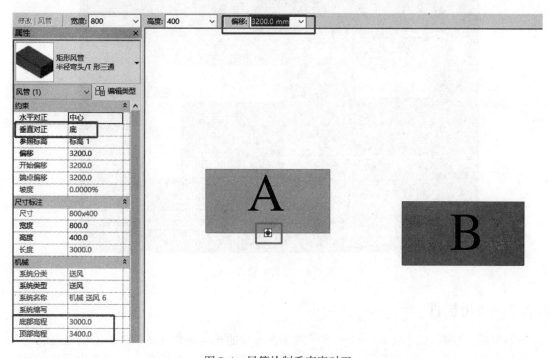

图 7-4　风管绘制垂直底对正

2）风管建模过程中，弯头的半径乘数尽量与设计图保持一致，如图7-5所示。

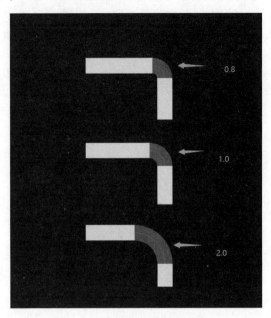

图7-5　弯头半径乘数区别

3）介质流动方向，尤其在三通、四通建立过程中，需要与图纸方向保持一致，如图7-6所示。

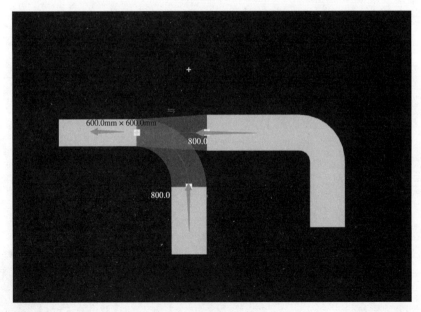

图7-6　风管三通方向

7.2.2　巧用插件

暖通快速建模与给水排水一样，除了需掌握常用的快捷键之外，插件的掌握也是能大大提高建模效率。在新建项目阶段，选择插件的机电样板，导入图纸参见4.2.2中CAD处理，

GLS 风模块可见风系统建模，存在风管翻模、风口翻模、附件翻模等，如图 7-7 所示。

图 7-7　插件风系统翻模菜单

7.2.3　操作步骤

1. 风管翻模

1）操作步骤与给水排水部分相差不大，对需要翻模的图纸进行预处理，按照楼层进行图纸拆分，如果是天正图纸，需要转换为 T3。导入处理好的图纸后开始建模，单击风管翻模，弹出风系统翻模对话框。

2）根据对话框说明进行设置，清空起点和图层，此步骤用以将上次翻模记录删除。

3）选择风管起点：风管起点一般在管径最大的位置，靠近风机处，且可以选择多个起点，同时翻模。

4）图层拾取：包括中线图层、边线图层、标注图层以及管件图层，单击选择后会自动进入到平面图，找到对应的任意图层位置进行单击选择即可。

5）风管标高：选择翻模成功后的风管标高，默认标高为打开当层标高平面。

6）系统类型及风管类型：为当前风系统指定系统类型及风管类型，由此可见选择风管起点时需选择相同系统类型的风管。

7）对齐方式：分别有"底""中""顶"三种对齐方式选择，根据需要选择即可。

8）管段偏移值设置：所有管段统一偏移量，对识别的管段指定统一高度。由于图纸精细度不同，翻模结果不同，翻模过程中会存在一些未能识别管段，可对这些管段进行标高设置。

9）连接管段和管件：一般均会勾选此选项，对翻出管道进行自动连接。

10）起点加立管：分别有"向上""向下""上下"三种生成立管方式，选择后进行立管长度设置。最后单击"生成"即可。

注意：因为图纸不同，导致翻模结果不尽相同，风管翻模完成后需要检查一下是否有识别有误的地方和翻模不准确的地方。

2. 风口翻模

风管翻模检查没问题后进行风口翻模。

1）打开风口翻模对话框，选择风口图块，可以进行多选。

2）风口生成形式有两种，根据需要选择。一般在有吊顶区域，风口选择立管连接风管；无吊顶区域，可选择风口贴风管设置。

3）对齐：因为图块与族的插入基点和定位基点可能不一致，软件提供三种对齐方式。

块参考插入点到族实例基点：图块的原点与族原点对应。

块参考中心到族实例基点：图块外接矩形中心点与族原点对应。

块参考中心到族实例中心：图块外接矩形中心点与族中心点对应。

4）类型及参数：选择对应的风口族及类型。

参数设定完成后单击"生成"即可。

3. 附件翻模

1）附件翻模与风口翻模相似，操作界面也相似，不再展开讲解。

2）需要注意的是类型及参数，选择阀门族与类型，当选择的是非基于主体族的时候，软件会自动计算阀门的放置标高；当选择的是基于主体的族的时候，需手动输入阀门的放置标高。

3）设置完成后单击"生成"即可。

4. 设备翻模

设备翻模原理就是拾取 CAD 图纸中的设备图块，将其转换为指定的设备类型，根据提示操作即可，不再详细解释，需要注意的是翻模完后管道未与设备连接，需要进行手动连接，整个风系统翻模完成，如图 7-8 所示。

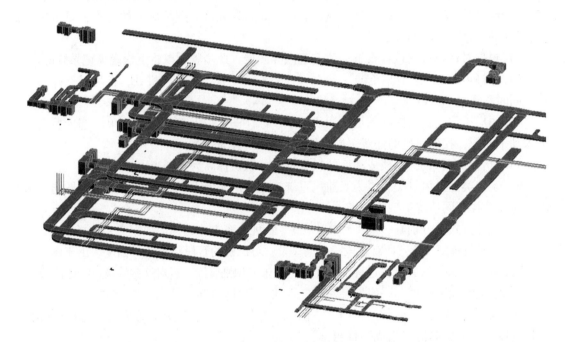

图 7-8　风系统翻模完成

空调水和采暖管道的一些操作则与给水排水管道的一致，参见第 6 章给水排水部分。

7.3　模型应用案例

7.3.1　风管等截面变尺寸

暖通空调系统中风管尺寸较大，所以在设计阶段是最影响净高的。在影响净高需要调整风管尺寸时，需要进行等截面变尺寸，因为相同截面尺寸才会不影响风量、风速等设计参数。

一般常规的矩形风管尺寸从小到大排列有 120mm、160mm、200mm、250mm、320mm、400mm、500mm、630mm、800mm、1000mm、1250mm、1600mm、2000mm 等。比如宽×高

为 1000mm×400mm 的矩形风管想要变成宽度比较窄的尺寸，那它可以变成宽×高为 800mm×500mm、630mm×630mm、500mm×800mm、400mm×1000mm、320mm×1250mm 等尺寸，可见每个尺寸宽度变窄的同时，高度将变高，而且有个技巧是按照风管常规尺寸排列顺序，宽度每降低一级，高度则相应上涨一级，所以将常规风管尺寸记住，那么等截面变风管则可以切换自如，如图 7-9 所示。

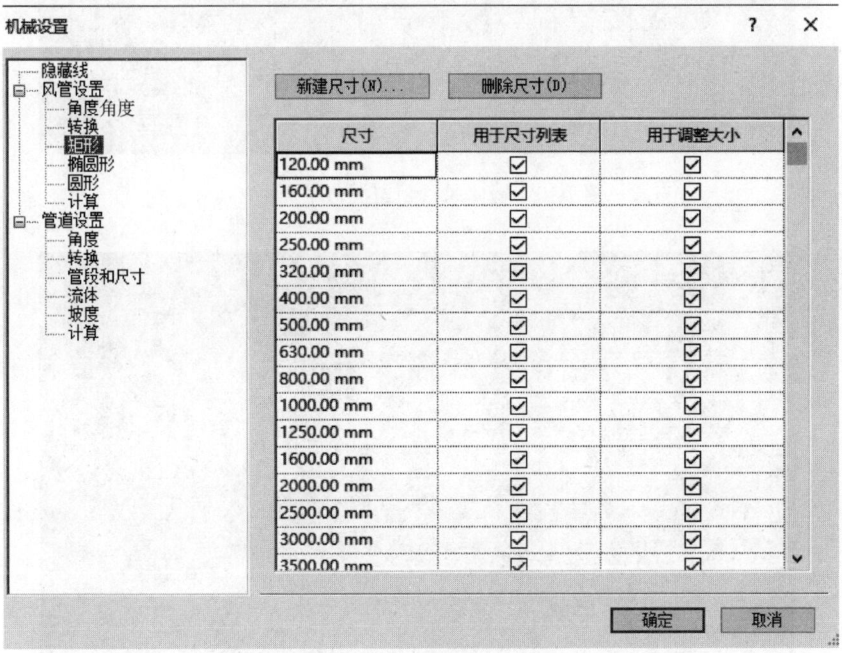

图 7-9　常规矩形风管尺寸

7.3.2　风管预留洞口

由于风管尺寸较大，在施工阶段一般也会优先施工，但是因为设计图一般不会给出砌体墙留洞图，经常会遇到施工现场砌体墙未给风管留洞，造成风管施工时再凿墙开洞的情况，这种情况不仅会造成现场洞口不美观，而且后期开洞浪费人力、时间及砌体材料，所以为了避免这些成本浪费，可以通过风管模型提前进行砌体墙预留洞口出图，步骤如下。

1）首先打开建筑模型，将暖通模型链接导入，选择管道开洞，进行开洞大小设置，一般矩形风管设置开洞大小为宽、高尺寸各大于 100mm，比如 800mm×400mm 的风管，开洞大小为 900mm×500mm，方便风管穿过洞口。

2）开洞尺寸设置完毕后，选择要开洞的构件，墙、梁、板可以单独选，也可以同时多选，根据需求选择。

3）要开洞构件选择完毕后根据提示选择风管，再选择要开洞构件，可以框选，单击开洞。选择构件的规模不同，开洞所需时间不等。

4）开洞完毕后进行洞口标注出图，一般开洞比较多的情况下，软件标注后会有多处重叠，所以需要手动调整，将重叠部分标注进行整理。

5）对于同一面墙上有上下洞口存在，表示不清的地方，可以做剖面进行引出，以便查看，如图 7-10、图 7-11 所示。

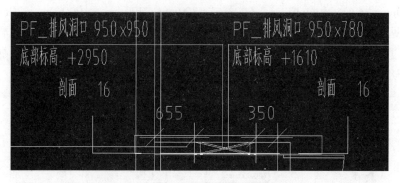

图 7-10 墙体风管预留洞口平面标注

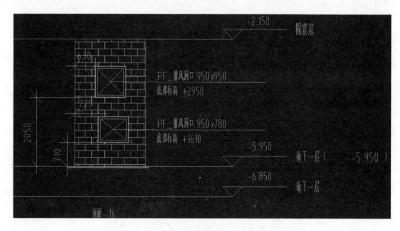

图 7-11 墙体风管预留洞口剖面标注

7.3.3 风机绘制

风机有很多种，如离心式风机、轴流式风机、混流式风机等。在模型绘制的过程中，风机如按操作划分，则分为落地式风机和管道式风机两种。

1. 落地式风机

落地式风机是落地安装的风机。这种风机放置时很简单，选择对应的族放置即可。

2. 管道式风机

管道式风机是一种直接插在风管上的风机，这种风机放置时不需要单独设置风机的尺寸及高程，它会自动识别主体风管的高度及尺寸属性，随之自行调整。

下面是风机直接插在风管上的步骤。

1）打开族，首先保证风机的族类别为机械设备。

2）修改族的零件类型，如图 7-12 所示，将零件类型设置为"插入"。

图 7-12 设备族的零件类型

零件类型一共有两种：插入和标准。如果是需要插入到风管中，就需要将零件类型设置为插入。

7.3.4 风管截面符号设置

Revit 中的管线剖面是经常用于表达多层管线位置的一种视图。

剖面中，系统会默认给管线（管道、桥架、风管）的截面一些符号，风管、桥架为交叉线，管道为十字线。那么如何设置风管的截面形式呢？注意，这个设置是以系统为单位的，不是针对某一类型风管，也不是整个项目的风管。

进入某一个风管系统的类型属性对话框，如图 7-13 所示，找到"上升/下降"符号，修改为斜线即可。

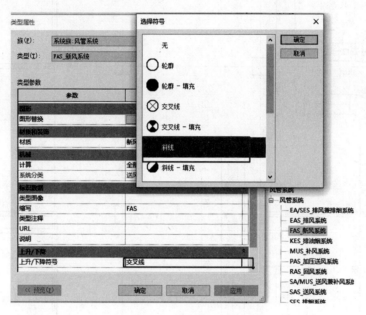

图 7-13　类型属性对话框

7.4　练习与思考题

1. 练习与思考 1

1）按照图 7-14 和图 7-15，制作一个 4.0m 层高的建筑设计模型，该模型包括轴线、内外墙体、结构柱、门窗等，并且保证它们的尺寸和位置的准确性。其中外墙的厚度为 300mm，内墙的厚度为 200mm，结构柱的尺寸为 700mm×700mm，门窗等与平面图尺寸大致相同即可。

2）根据提供的图 7-14 及表 7-5，建立相应的模型，包括机械设备、风管附件、风管末端等构件，确保风管中心的位置准确，并将其中心标高调节至 3.4m。

3）根据提供的图 7-15，创建采暖和 VRV 系统模型。其中，NG 指的是采暖供水管，NH 指的是采暖回水管。使用了一个上供下回系统，散热器靠墙布置。在 VRV 空调系统中，空调冷凝水管为重力流管道系统，需要添加管道坡度，且不得小于 5%。

4）对所绘制的管道系统，分别用不同的颜色来表示：补风、送风为青色，排烟为紫色，采暖供水为深绿色，采暖回水为粉色，冷凝水为黄色，制冷剂管道为深红色，中水管为浅绿色。

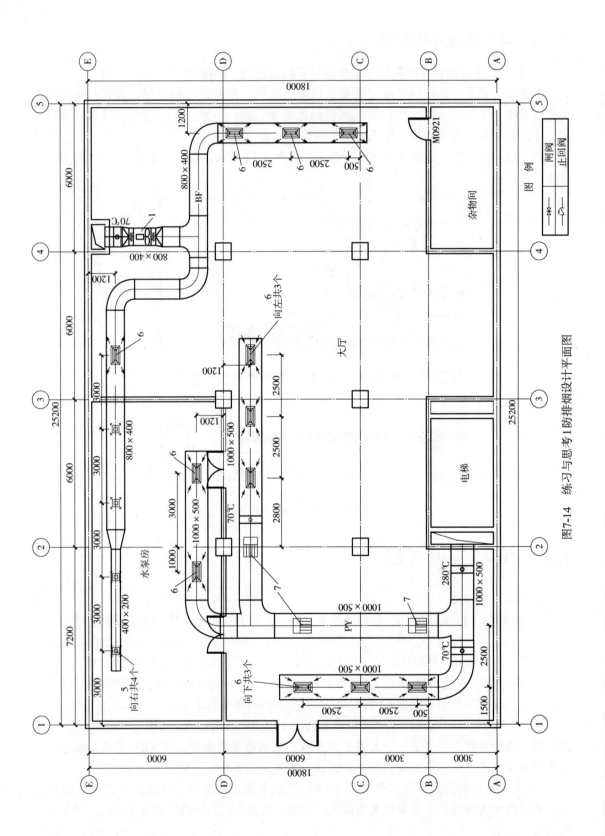

图7-14 练习与思考1防排烟设计平面图

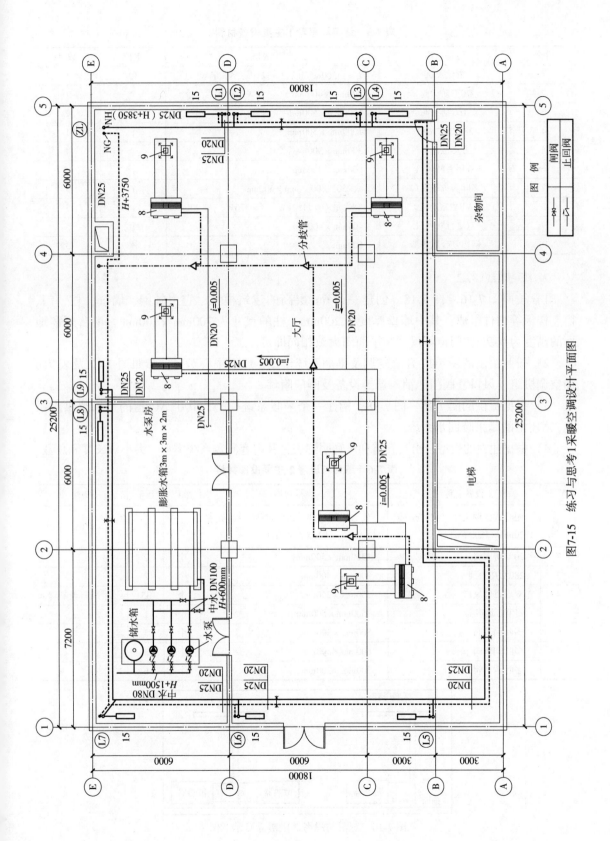

图7-15 练习与思考1采暖空调设计平面图

表 7-5　练习与思考 1 主要设备材料

序号	设备名称	型号规格	单位	数量
1	混流风机	$L = 14500 \text{m}^3/\text{h}$ $P = 373 \text{Pa}$, $N = 6 \text{kW}$	台	1
2	70℃防火阀	800mm×400mm	个	1
3	70℃防火阀	1000mm×500mm	个	2
4	280℃防火阀	1000mm×500mm	个	1
5	方形散流器	300mm×300mm	个	4
6	双层百叶风口	800mm×400mm	个	12
7	多叶防火排烟口	(250＋800) mm×600mm	个	3
8	VRV 室内机	制冷量 $Q = 11.2 \text{kW}$　$N = 376 \text{W}$, $p = 90 \text{Pa}$	个	5
9	双层百叶风口	400mm×400mm	个	5
10	铜铝复合散热器	600mm 高	片	135

2. 练习与思考 2

1）按照图 7-16 ~ 图 7-18，创建一个 6m 层高的建筑模型，它由轴网、墙壁、柱、门、窗、楼板等构件组成，其中墙壁厚度为 200mm，柱的尺寸为 700mm×700mm，窗台距离地面的高度为 0.9m，门窗等尺寸与平面图大致相同即可。

2）按照给出的图 7-17 建立空调及排烟系统模型，风管中心对齐，参照图 7-17 及表 7-6 加空调机组、风口、阀门、消声器等设备及阀门附件。

3）根据提供的图 7-16 ~ 图 7-18，构建一个采暖系统模型，其中 NG 指的是采暖供水系统，NH 指的是采暖回水系统。

4）根据建立的模型，出具管道和风管明细表，其内容涵盖系统类型、大小、长度和总数。

表 7-6　练习与思考 2 主要设备材料

序号	设备名称	型号规格	单位	数量	备注
1	组合式空调机组（4870mm×1920mm×1800mm）	$Q_s = 21000 \text{m}^3/\text{h}$, $Q_x = 2000 \text{m}^3/\text{h}$　$q_1 = 112 \text{kW}$, $q_r = 80 \text{kW}$, $N = 11 \text{kW}$	台	1	$p = 500 \text{Pa}$　380V
2	70℃防火阀	1500mm×500mm	个	2	
3	280℃防火阀	900mm×400mm	个	2	
4	双层百叶风口	250mm×250mm	个	35	带风口调节阀
5	ZP100 消声器	1500mm×500mm	个	1	
6	多叶调节阀	800mm×300mm	个	3	
7	多叶调节阀	600mm×300mm	个	3	
8	多叶调节阀	500mm×200mm	个	6	

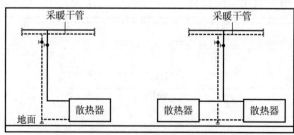

图 7-16　练习与思考 2 供暖立管示意图

注：连接散热器的支、立管管径除特殊标注者外，均为 DN20。

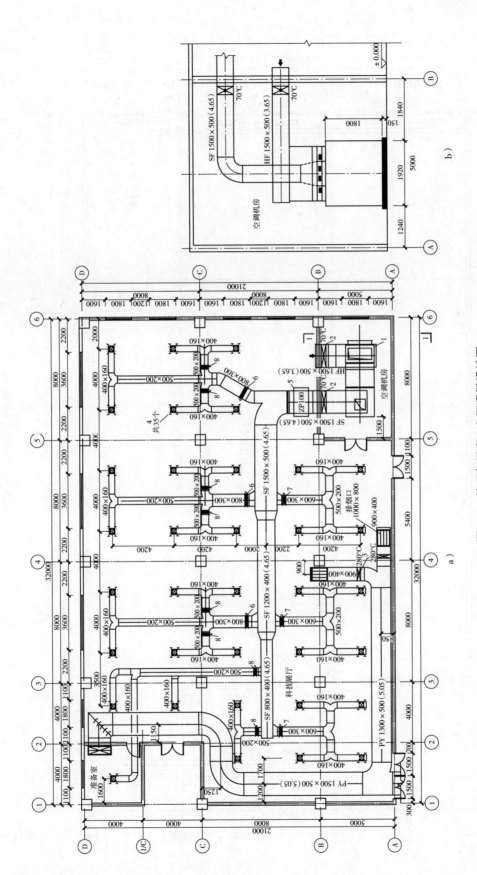

图7-17 练习与思考 2 空调通风设计图
a) 平面图 b) 1—1剖面图

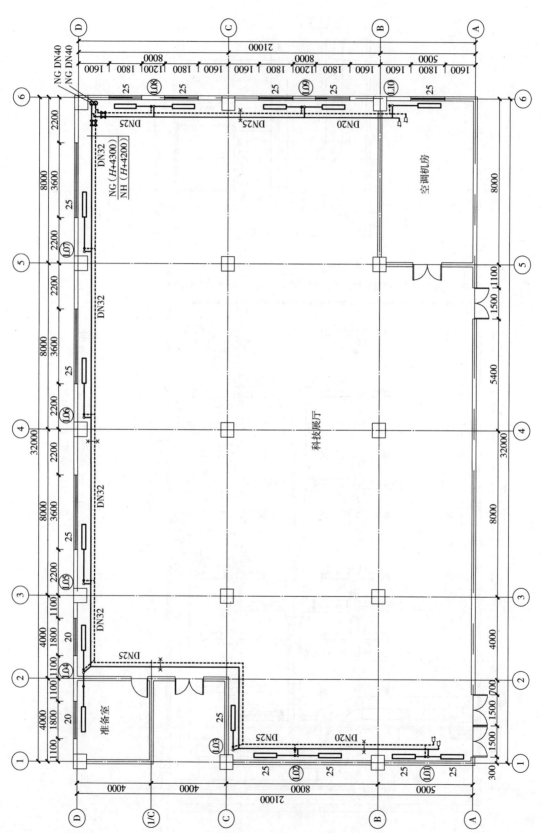

图7-18　练习与思考2供暖平面图

注：采用散热片高度为600mm，距地120mm，图中所标数字为散热片片数。

3. 练习与思考 3

1）根据图 7-19，建立建筑模型，添加卫浴设备，建筑层高为 4m，包括轴网、墙、门、楼板、窗、卫浴装置等，墙体厚度为 200mm，门窗等尺寸与标注一致。

2）根据图 7-19 自行设计卫生间排风系统，男女卫生间均需要安装吊顶式排气扇，排气量为 400m³/h，风管穿过墙壁时，洞口可以不考虑。

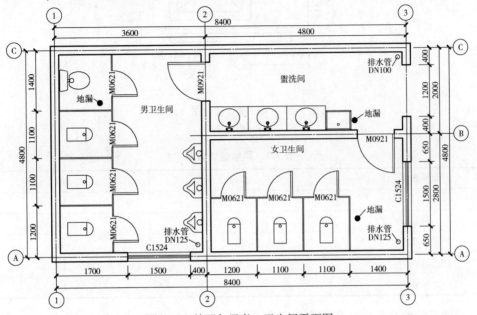

图 7-19　练习与思考 3 卫生间平面图

4. 根据图 7-20，通过构件集的方式，建立一个风机盘管模型。需要添加风管、管道和电气连接件，这些连接件的尺寸必须与标注的管道尺寸一致，而且必须与水管的直径一致。如果图 7-20 上有提供不全的信息，请自行设置，并按照表 7-7 将信息添加到文件中。

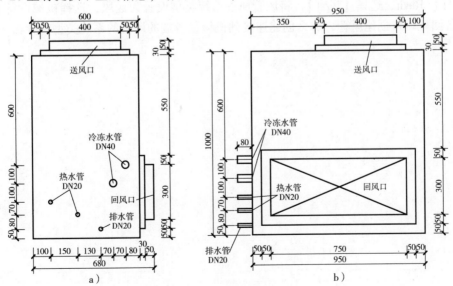

图 7-20　风机盘管设计图

a）左视图　b）正视图

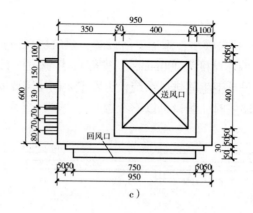

图 7-20　风机盘管设计图（续）

c）俯视图

表 7-7　风机盘管参数

风机盘管	参数	单位
制冷量	12	kW
热量	20	kW
外部静压	80	Pa
电动机功率	5	kW
风量	550	L/s

5. 空调系统的分类以及其特征与用途有哪些？如何在项目中创建"空调新风"系统？

6. 创建一个 400mm×400mm 的矩形风管，分别添加 30mm 厚的内衬和隔热层，则平面图中风管最外侧宽度为多少？

7. 管道式风机如何直接插到风管上？

8. 打开 Revit，选择【风管】，将风管属性系统类型设置为送风，选择机械设备放置后，单击设备回风端口创建风管，那么创建连接到机械设备端的风管的系统类型是什么？

第8章 电气专业 BIM 建模

知识目标

1. 了解电气专业系统分类以及电气专业构件分类。
2. 熟悉 Revit 电气专业 BIM 建模流程。
3. 掌握电气专业 BIM 建模方法以及利用 Revit 插件快速建模的方法。

技能目标

1. 能够运用 Revit 进行电气专业 BIM 建模样板设置。
2. 能够根据电气专业施工图运用 Revit 进行电气专业 BIM 建模。
3. 能够应用 Revit 插件进行电气专业 BIM 快速建模。

8.1 电气专业内容

本节主要内容为电气专业系统分类介绍、电气专业构件分类介绍以及 Revit 创建电气专业模型的流程及方法。

8.1.1 电气系统分类

民用建筑中一般包含如下电气系统。

(1) 变配电系统 变电系统和配电系统的总称,变电是将外面引入的电压变成适合建筑物使用的电压,配电是将电分配到建筑物内部的各个用电点,变配电系统则是两种功能都能实现的电力系统。

(2) 照明系统 以提供照明为基础的系统,包括自然光照明系统、人工照明系统及二者结合构成的系统。

(3) 热工检测及自动调节系统 生产过程或设备运行中具备自动检测、自动调节、顺序控制、自动保护以及计算机控制的一种自动检定系统。

(4) 火灾自动报警系统 由触发装置、火灾报警装置、联动输出装置以及具有其他辅助功能装置组成的一种报警系统,它能在火灾初期,将燃烧产生的烟雾、热量、火焰等通过火灾探测器变成电信号,传输到火灾报警控制器,并同时以声或光的形式通知整个楼层疏散,控制器记录火灾发生的部位、时间等,使人们能够及时发现火灾,并及时采取有效措施。

(5) 通信系统 用电信号(或光信号)传输信息的系统,也称电信系统,是由具有特定功能、相互作用和相互依赖的若干单元组成的、完成统一目标的有机整体。

（6）有线电视及卫星电视接收系统　将多种视听设备、数字设备、卫星闭路电视部件和器件，用电缆、光缆、微波或这些媒介的组合连接起来，用以传输、分配和处理声音、图像、数据信号的电视系统。

（7）闭路电视系统　一种图像通信系统，是指在特定的区域进行视频传输，并只在固定回路设备里播放的电视系统。

（8）公共广播系统　利用高频电缆、光缆、微波等传输，并在一定的用户中进行分配和交换声音及数据信号的广播系统。

（9）扩声和同声传译系统　扩声系统是把讲话者的声音对听者进行实时放大的系统，扩声系统由扩声设备和声场组成，主要包括声源和它周围的声环境，把声音转变为电信号的话筒，放大信号并对信号加工的设备、传输线，把信号转变为声信号的扬声器和听众区的声学环境。同声传译系统是在使用不同国家语言的会议等场合，将发言者的语言（原语）同时由译员翻译，并传送给听众的设备系统。

（10）公共显示系统　将视频、图片、字幕、天气预报、时钟等多媒体信息，在指定的时间、指定的地点（指定的设备/显示屏），按照事先编辑制作好的画面表现形式，准确、高效地通过网络平台进行播放的多媒体信息管理系统。

（11）时钟系统　由主控设备向各系统和子钟发送标准时钟信号、检测子钟工作状态并向系统内的子钟及局域网的计算机提供标准统一时钟信号，达到整个系统时间同步。

（12）安全技术防范系统　以维护社会公共安全为目的，运用安全防范产品和其他相关产品所构成的入侵报警系统、视频安防监控系统、出入口控制系统和防爆安全检查系统等，或由这些系统为子系统组合或集成的电子系统或网络。

（13）综合布线系统　按标准的、统一的和简单的结构化方式编制和布置各种建筑物（或建筑群）内各种系统的通信线路，包括网络系统、电话系统、监控系统、电源系统和照明系统等，综合布线系统是智能化办公室建设数字化信息系统基础设施，是将所有语音、数据等系统进行统一规划设计的结构化布线系统，为办公提供信息化、智能化的物质介质，支持语音、数据、图文、多媒体等综合应用。

（14）建筑设备监控系统　一种专门用于监控建筑物设备运行状态的系统。它可以帮助物业管理人员对大型建筑物的各项设备进行全面监控，并及时发现异常情况，进而采取必要的应急措施。

（15）信息网络系统　在建筑物中，为满足互联网连接，需要内部和外部的信息服务以及各类型的信息应用构建的信息网络系统。

（16）智能化集成系统　将不同功能的建筑智能化系统通过统一的信息平台实现集成，以形成具体信息汇集、资源共享及优化管理等综合功能的系统，智能化集成系统中有若干个功能特点显著的子系统，如计算机网络系统、综合布线系统、通信自动化系统、楼宇自动化系统、安全防范自动化系统、消防自动化系统、办公自动化系统、供配电系统等子系统等。

（17）建筑物防雷接地　防止建筑物因雷击、静电产生危害的一种系统。

8.1.2　电气专业构件

民用建筑电气专业构件可按表8-1进行划分。

表 8-1　民用建筑电气专业构件分类

分部工程	子分部工程	电气专业构件
电气工程	室外电气	变压器、箱式变电所、成套配电柜、控制柜、配电箱、电缆桥架、线槽、线管、线缆、普通灯具、专用灯具、接地装置等
	变配电室	变压器、箱式变电所、成套配电柜、控制柜、配电箱、母线槽、电缆桥架、线槽、线管、线缆、接地装置等
	供电干线	电气设备、母线槽、电缆桥架、线槽、线管、线缆、接地装置等
	电气动力	成套配电柜、控制柜、配电箱、电动机、电加热器、电缆桥架、线槽、线管、线缆、接地装置等
	电气照明	成套配电柜、控制柜、配电箱、电缆桥架、线槽、线管、线缆、普通灯具、专用灯具、开关、插座、照明风扇等
	自备电源安装工程	成套配电柜、控制屏、配电箱、柴油发电机组、UPS（不间断电源）、EPS（紧急电力供给）、母线槽、电缆桥架、线槽、线管、线缆、接地装置等
	防雷及接地装置	接地装置、等电位联结、防雷引下线、接闪器等
智能化工程	智能化集成系统	智能化设备等
	信息网络系统	计算机网络设备、网络安全设备等
	综合布线系统	电缆桥架、线槽、线管、线缆、机柜、机架、配线架、信息插座等
	有线电视及卫星电视接收系统	电缆桥架、线槽、线管、线缆、设备等
	公共广播系统	电缆桥架、线槽、线管、线缆、设备等
	信息化应用系统	电缆桥架、线槽、线管、线缆、设备等
	建筑设备监控系统	电缆桥架、线槽、线管、线缆、传感器、执行器、控制器、中央管理工作站和操作分站设备等
	火灾自动报警系统	电缆桥架、线槽、线管、线缆、探测器、控制器、其他设备等
	安全技术防范系统	电缆桥架、线槽、线管、线缆、设备等
	防雷接地系统	接地装置、接地线、等电位联结、屏蔽设施、电涌保护器、线缆等
	会议系统	电缆桥架、线槽、线管、线缆、设备等
消防工程	火灾自动报警及消防联动控制系统	电缆桥架、线槽、线管、线缆、探测器、控制器、其他设备等
电梯工程	电力驱动的曳引式或强制式电梯	驱动主机、导轨、门系统、轿厢、对重、安全部件、悬挂装置、随行电缆、补偿装置、电气装置
	液压电梯	液压系统、导轨、门系统、轿厢、对重、安全部件、悬挂装置、随行电缆、电气装置
	自动扶梯、自动人行道	整机设备

8.1.3　模型创建

1. 选择项目样板文件

新建电气专业 BIM 模型项目文件时，在 Revit 软件中优先选择"机械样板"创建电气专业 BIM 模型的项目文件，因为机械样板中预设的项目参数可基本满足电气专业 BIM 建模需要，如图 8-1 所示。

图 8-1　选择机械样板创建电气专业 BIM 模型

2. 设置项目参数

基于"机械样板"创建电气专业 BIM 模型项目文件后，需进行电气相关项目参数设置，包括项目定位、轴网、标高、专业系统及子系统、视图样板、族文件、楼层平面、专业过滤器以及电气设置等，设置完成后即可开展建模。

（1）创建楼层平面　根据建筑楼层及电气专业系统分类，创建对应楼层平面。楼层平面命名应包含楼层、专业、系统等信息，便于电气专业建模时选择合适的工作平面，如图 8-2 所示。

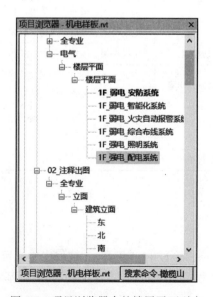

图 8-2　项目浏览器中的楼层平面列表

（2）创建电气专业过滤器　根据电气专业系统分类设置"过滤器"，为模型构件（如桥架、线槽、电气设备等）赋予填充图案颜色，方便建模人员在 BIM 模型中通过颜色快速区分出不同电气系统，如图 8-3 所示。

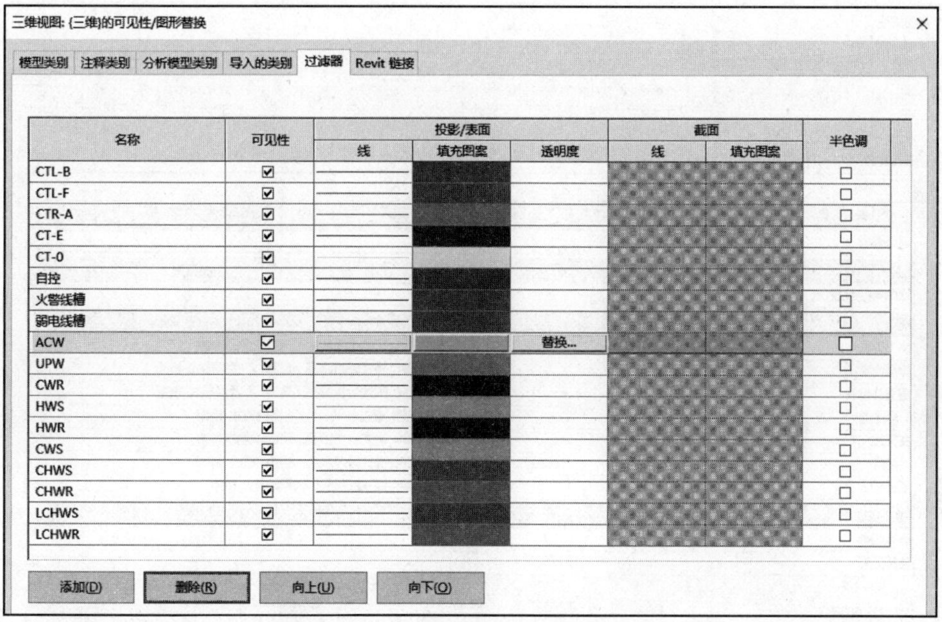

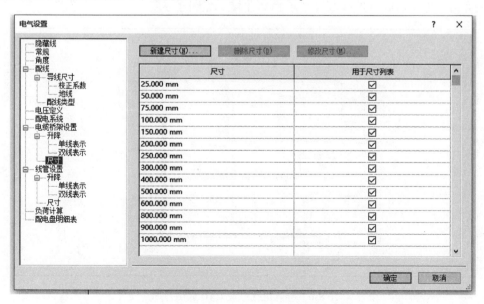

图 8-3　电气专业系统过滤器设置界面

（3）电气设置　在 Revit 中打开"电气设置"界面，对配线、电缆桥架、线管等电气专业构件进行参数设置，可以提高模型创建效率，降低建模错误率。例如完成电缆桥架设置后 Revit 只能创建尺寸列表中对应宽度的电缆桥架，如此可避免建模过程中由于人为操作失误创建出与设计不符的其他尺寸电缆桥架，如图 8-4 所示。

图 8-4　电气设置界面

（4）电气专业构件族载入及设置　根据电气专业设计说明或图纸资料进行电缆桥架、线槽、电气设备以及开关等电气专业构件族设置，载入族文件及设置族类型参数时应确保相关构件参数满足设计要求，如电缆桥架材质、连接形式等，如图8-5所示。

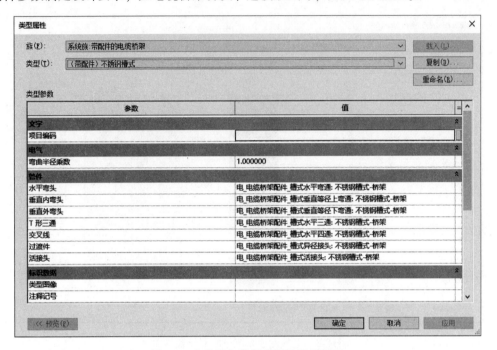

图8-5　电缆桥架族类型属性设置界面

3. CAD 底图处理与导入

将电气专业 CAD 图纸进行拆分及优化，删除多余 CAD 图层及文字标注后只保留电气专业建模所需的必要底图及相关标注，将处理后的图纸导入 Revit 电气专业 BIM 模型文件。图纸导入并精准定位后即可进行电气专业 BIM 建模，如图8-6所示。

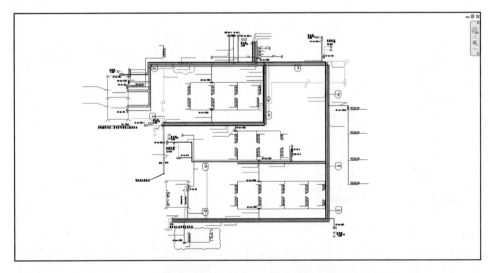

图8-6　导入电气专业 CAD 底图界面

4. 电气专业构件建模

（1）横向桥架建模

1）设置桥架类型。在民用建筑电气专业设计说明中会明确电缆桥架的形式、材质以及敷设方式，如图8-7所示。建模前根据设计说明要求完成电缆桥架族类型设置，确保电缆桥架类型、桥架配件以及弯曲半径乘数等准确无误方可进行建模。

4.11　线缆选择及敷设

（1）高压配电线路选用阻燃耐火低烟无卤型铜芯型电力电缆，电缆沟或防火电缆桥架敷设。

（2）低压配电线路中，一般用电干线采用铜芯封闭式母线槽或阻燃低烟无卤型铜芯型电力电缆，明敷支线采用阻燃耐火低烟无卤型铜芯电线。消防设备、应急照明和火灾时需继续工作的弱电系统配电线路、干线及支干线采用矿物绝缘防火电缆，支线采用阻燃耐火低烟无卤型铜芯电线。所有暗敷于楼板、墙体支线采用阻燃耐火低烟无卤型铜芯电线。

（3）消防设备、应急照明和弱电系统配电线路干线水平敷设时，采用敞开式桥架，在电气竖井采用敞开式桥架（梯架），消防设备的配电线路与其他配电线路分开敷设，当敷设在同一井沟内时，分别布置在井沟的两侧，确保消防设备供电安全。

（4）消防设备和应急照明支线采用阻燃低烟无卤型铜芯电线暗敷设时，应穿金属管并应敷设在不燃烧体结构内且保护层厚度不应小于30mm；明敷设时，应穿有防火保护的金属管或有防火保护的封闭式金属线槽。

图8-7　设计说明中有关电缆桥架的说明

2）设置桥架属性。在 Revit 桥架属性界面根据设计图要求对电缆桥架水平对正、垂直对正、参照标高、偏移量以及桥架尺寸进行设置，确保模型与底图一致，如图 8-8 所示。

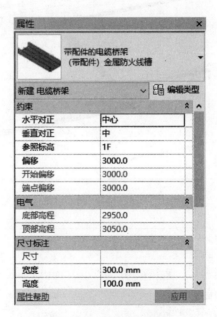

图8-8　电缆桥架属性界面

一般情况下，电缆桥架水平对正选择"中心"，垂直对正选择"底"，参照标高为桥架所在楼层标高，偏移为桥架垂直对正所在平面（底、顶或者中心）与本楼层地面的距离。

3）绘制横向桥架。在 Revit 楼层平面或者三维视图基于 CAD 底图绘制横向桥架构件，如图8-9与图8-10所示。若楼层平面视图桥架不可见，需对视图范围进行设置，确保本楼层桥架在视图范围之内，如图8-11所示。

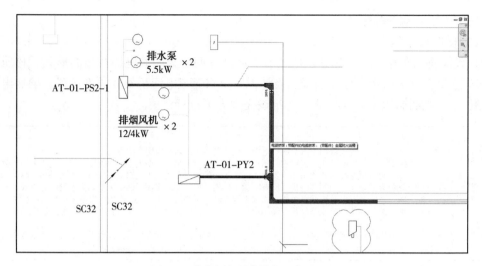

图 8-9　横向桥架绘制楼层平面视图

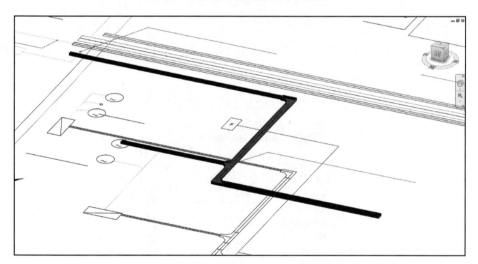

图 8-10　横向桥架绘制三维视图

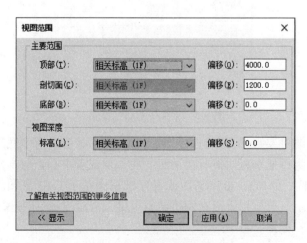

图 8-11　视图范围设置界面

（2）绘制竖向建模 竖向桥架族类型及属性设置与横向桥架原理一致。竖向桥架的生成是通过在绘制横向桥架过程中修改桥架偏移值使桥架自动翻弯实现的，如图 8-12 与图 8-13 所示。

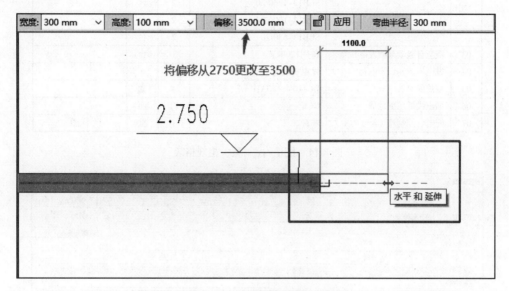

图 8-12　竖向桥架绘制界面

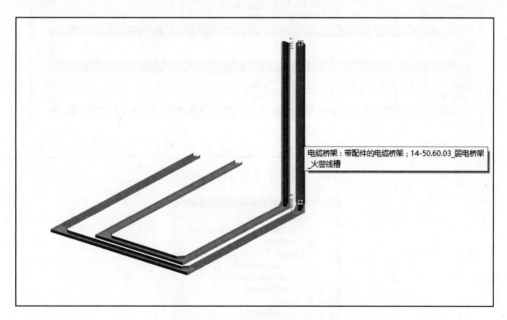

图 8-13　竖向桥架绘制三维视图

（3）电气设备建模

1）创建电气设备族。民用建筑电气专业设计图（如电气设计说明、配电/控制箱规格尺寸表、系统图或设备详图）中可获取电气设备的类型、参数、尺寸、空间位置以及安装方式等信息，如图 8-14 所示。根据设计图创建配电柜、配电箱、控制柜、控制箱等电气设备族文件，完成属性设置后载入到 Revit 项目文件中，如图 8-15 与图 8-16 所示。

序号	名称	型号规格	数量	单位	附注
01	高压真空开关柜	PIX-24KV	22	面	
02	干式电力变压器	SCB13-2000/20	2	台	
		SCB13-1250/20	2	台	
		SCB13-1000/20	2	台	
		SCB13-630/20	2	台	
03	应急自起动柴油发电机组	备用1200kW	1	台	
04	发电机控制、配电柜	发电机配套	5	面	
05	直流屏	DC110V，40AH	4	套	
06	抽出式低压配电屏	GCK	71	面	
07	配电、控制箱（柜）	非标	1	批	详图

图 8-14　配电/控制箱、柜规格表

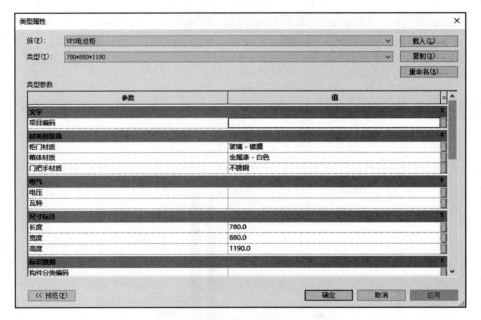

图 8-15　电气设备族属性设置界面

图 8-16　电气设备项目浏览器界面

2）绘制电气设备。基于 CAD 底图进行电气设备绘制，过程中可用"空格"键调整设备朝向确保与图纸完全一致，如图 8-17 与图 8-18 所示。

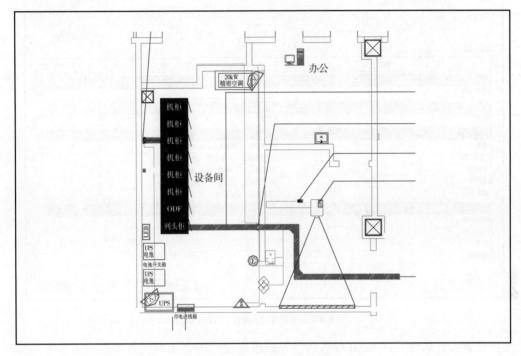

图 8-17　电气设备 CAD 底图

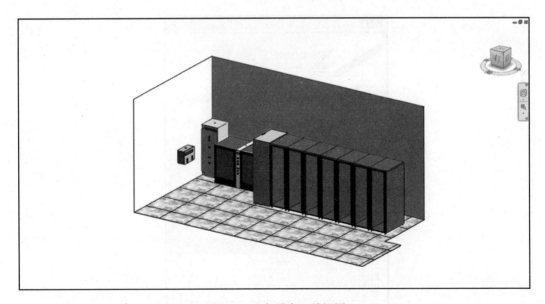

图 8-18　电气设备三维视图

（4）线管建模

1）设置线管类型。根据民用建筑电气专业设计图要求对线管类型属性进行设置，如线管材质、连接形式等，设置流程与电缆桥架设置原理一致，如图 8-19 所示。

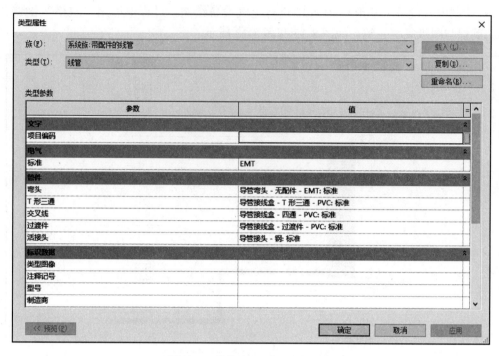

图 8-19　线管类型属性设置界面

2）设置线管属性。在 Revit 线管属性界面根据设计图要求对线管垂直对正、参照标高、偏移量以及线管尺寸进行设置，如图 8-20 所示。

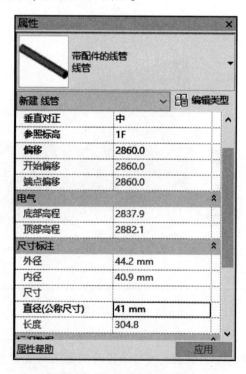

图 8-20　线管属性设置界面

3）绘制线管。在 Revit 楼层平面或者三维视图基于 CAD 底图绘制线管，如图 8-21 与图 8-22 所示。线管绘制与桥架绘制原理一致。

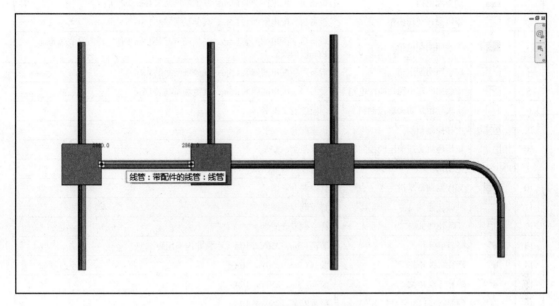

图 8-21　楼层平面线管绘制界面

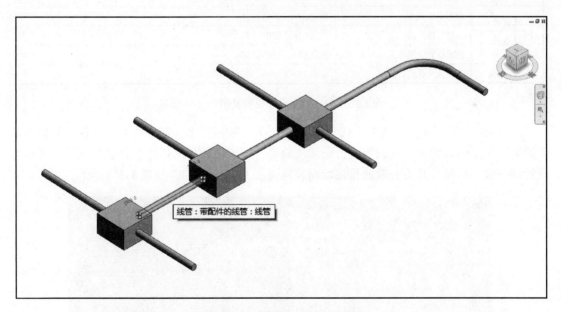

图 8-22　三维视图线管绘制界面

（5）开关、插座建模

1）创建开关、插座族。民用建筑电气专业设计说明及图例中可获取开关及插座的型号、参数、空间位置以及安装方式等信息，如图 8-23 所示。根据设计图创建开关、插座等族文件，完成属性设置后载入到 Revit 项目文件中，开关、插座的属性设置流程与电气设备属性设置原理一致。

序号	图例	名称	安装（除现场注明外）
1	▬	动力配电箱	设备房、配电间明装1.5m，其他场所暗装1.8m
2	◿	双电源自动切换箱	设备房、配电间明装1.5m，其他场所暗装1.8m
3	■	一般照明配电箱	设备房、配电间明装1.5m，其他场所暗装1.8m（住宅户内箱底边距地1.6m嵌墙安装）
4	▢	应急照明配电箱	设备房、配电间明装1.5m，其他场所暗装1.8m
5	⊠	应急照明双电源切换配电箱	设备房、配电间明装1.5m，其他场所暗装1.8m
6	FJK	防火卷帘、防火幕控制箱	厂家配套、安装
7	DTK	电梯控制箱	厂家配套、安装
8	XYK	正压风机旁通泄压阀控制箱	厂家配套、安装
9	Ⓜ Ⓜ	电动机	详各设备专业图纸
10	◑◑	VRV空调室外机	详空调专业图纸
11	▭	风机盘管	详空调专业图纸
12	▦	新风处理机组	详空调专业图纸
13	✒	暗装单极开关	装高1.3m，250V，10A（水管井内采用防潮型）
14	✒	暗装双极开关	装高1.3m，250V，10A
15	✒	暗装三极开关	装高1.3m，250V，10A
16	ϙ	带消防接口红外感应开关	吸顶安装，250V，10A
17	✒ᴱˣ	防爆单极开关	装高1.3m，250V，10A
18	✒ᴱˣ	防爆双极开关	装高1.3m，250V，10A
19	✒ᴱˣ	防爆三极开关	装高1.3m，250V，10A
20	✒	风机盘管三速开关	装高1.3m，250V，10A
21	⟘	单相二三孔组合插座	暗装0.3m，250V，10A，安全型

图 8-23　电气专业设计说明及图例（一）

2）绘制开关、插座。基于 CAD 底图绘制开关、插座模型，需注意开关、插座的放置需要拾取工作平面如墙面、板面等，否则无法放置，放置完成后对插座位置进行调整，确保与设计图一致。插座、开关一般放置在墙面装修面层上，如图 8-24 与图 8-25 所示。

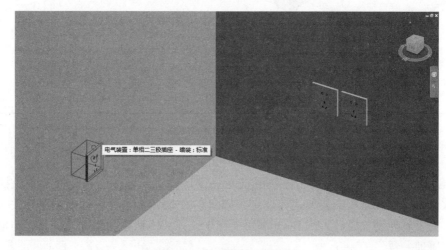

图 8-24　插座绘制三维视图

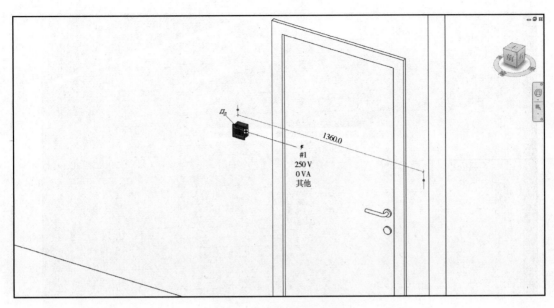

图 8-25　开关绘制三维视图

（6）灯具建模

1）创建灯具族。民用建筑电气专业设计说明及图例中可获取灯具的型号、参数、空间位置以及安装方式等信息，如图 8-26 所示。根据设计图创建灯具族文件，完成属性设置后载入到 Revit 项目文件中，灯具的属性设置流程与电气设备及开关、插座属性设置原理一致。

22		防爆荧光灯	吸线槽安装/管吊/人防区链吊2.8m，T8三基色直管荧光灯 3×36W，单支光源光通量≥3350lm，3000K
23		三支荧光灯	吸线槽安装/管吊/人防区链吊2.8m，T8三基色直管荧光灯 3×36W，单支光源光通量≥3350lm，3000K
24		双支荧光灯	吸线槽安装/管吊/人防区链吊2.8m，T8三基色直管荧光灯 2×36W，单支光源光通量≥3350lm，3000K
25		单支荧光灯	设备区壁装（墙边）2.4m，T8三基色直管荧光灯 36W，光源光通量≥3350lm，3000K
26		三支荧光灯格栅灯盘	嵌天花安装，T8三基色直管荧光灯 3×36W，单支光源光通量≥3350lm，3000K
27		裸灯头	壁装2.4m，11W紧凑型荧光灯（水管井内采用防潮型） 光源光通量≥600lm，Ra>80
28		单支LED灯管	吸线槽安装/管吊/人防区链吊2.8m，23W LED灯管 T8，光源光通量≥2250lm，Ra>80
29		隔爆灯	钢管吊装3.0m，40W
30		航空障碍灯	屋顶幕墙角位立杆，0.3m，100W

图 8-26　电气专业设计说明及图例（二）

2）绘制灯具。基于 CAD 底图绘制灯具模型，需注意灯具的放置需要拾取工作平面如吊顶、墙面、板面等，放置完成后对灯具位置进行调整，确保与设计图一致，如图 8-27 所示。

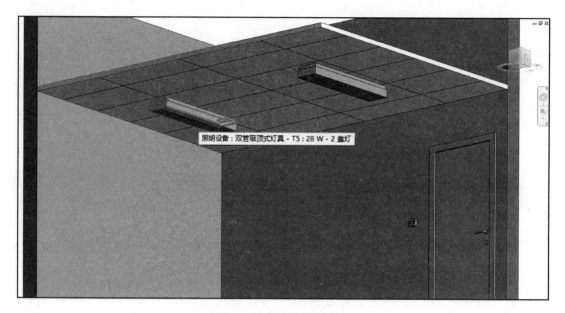

图 8-27　灯具绘制三维视图

8.2　快速建模

本节主要内容为基于 Revit "橄榄山" 插件进行电气专业 BIM 快速建模的流程与方法。相关软件授权及安装流程不做赘述。

8.2.1　桥架快速建模

通过 Revit 插件 "橄榄山" 的 "桥架翻模" 功能，如图 8-28 所示，可以实现电缆桥架的快速建模，大幅提高建模效率。

图 8-28　"桥架翻模" 功能模块

快速建模流程如下：

1. 处理 CAD 底图

CAD 底图处理是电缆桥架快速建模的前提条件，由于插件进行快速建模仅需识别电缆桥架所在的图层和标注数据，其他如建筑底图、房间标记、轴网等图层的存在可能导致识别错误、运行缓慢等问题，原则上删除其他图层仅保留桥架、桥架文字标注以及桥架引线标注等翻模必需的 CAD 图层即可。如此可大幅度提高快速建模插件运行速度及准确率，如图 8-29 所示。

2. 快速建模设置

（1）选择绘制模式　"桥架翻模" 有 "双线绘制" 与 "单线绘制" 两种模式，当桥架

CAD 底图如图 8-30 所示为双线形式时，选择"双线绘制"模式，界面如图 8-31 所示。选择"双线绘制"时，桥架宽度根据 CAD 桥架尺寸标注确定，如果没有识别到文字标注或者引线标注，桥架生成的宽度由 CAD 底图中桥架双线间距确定。

当桥架 CAD 底图如图 8-32 所示为单线形式时，选择"单线绘制"模式，界面如图 8-33 所示。

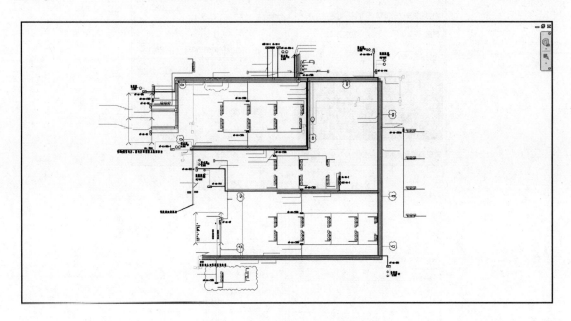

图 8-29　处理后电缆桥架 CAD 底图

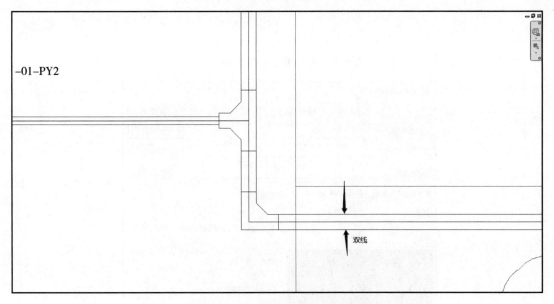

图 8-30　双线形式桥架 CAD 底图

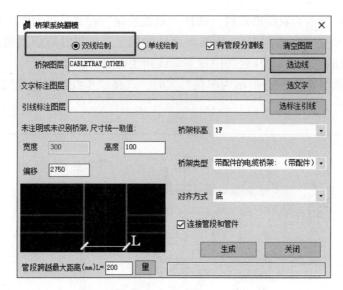

图 8-31　选择"双线绘制"模式界面

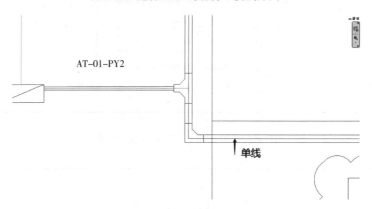

图 8-32　单线形式桥架 CAD 底图

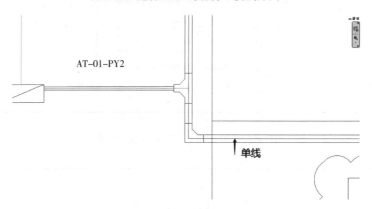

图 8-33　选择"单线绘制"模式界面

当桥架 CAD 底图如图 8-34 所示含有管段分割线时，勾选 "有管段分割线" 模式，界面如图 8-35 所示。

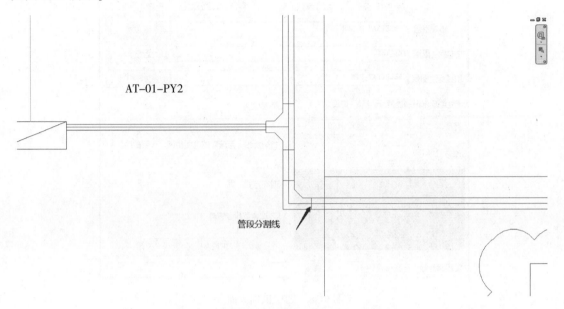

图 8-34　管段分割线桥架 CAD 底图示意图

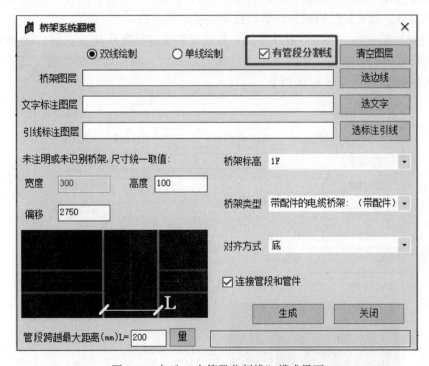

图 8-35　勾选 "有管段分割线" 模式界面

（2）识别 CAD 图层　基于 Revit 中的 CAD 底图在 "桥架翻模" 设置界面中依次对桥架图层、文字标注图层、引线标注图层进行选择，如图 8-36 所示。

图 8-36　图层识别界面

　　识别图层过程可能发生识别失败的情况，需利用 AutoCAD 等软件查看 CAD 底图文件是否丢失图块属性，如丢失图块属性可能导致识别错误或失败。

　　（3）设置桥架参数　选择"双线绘制"模式时桥架建模宽度通过识别 CAD 底图自动确定，无法对尺寸进行自定义。选择"单线绘制"模式时，桥架建模的宽度、高度均需自定义，二者区别如图 8-37 与图 8-38 所示。

图 8-37　"双线绘制"模式桥架宽度设置

图 8-38 "单线绘制"模式桥架宽度设置

桥架尺寸设置完毕后，根据设计图要求进行桥架标高、偏移量、桥架类型以及对齐方式的设置，如图 8-39 所示。

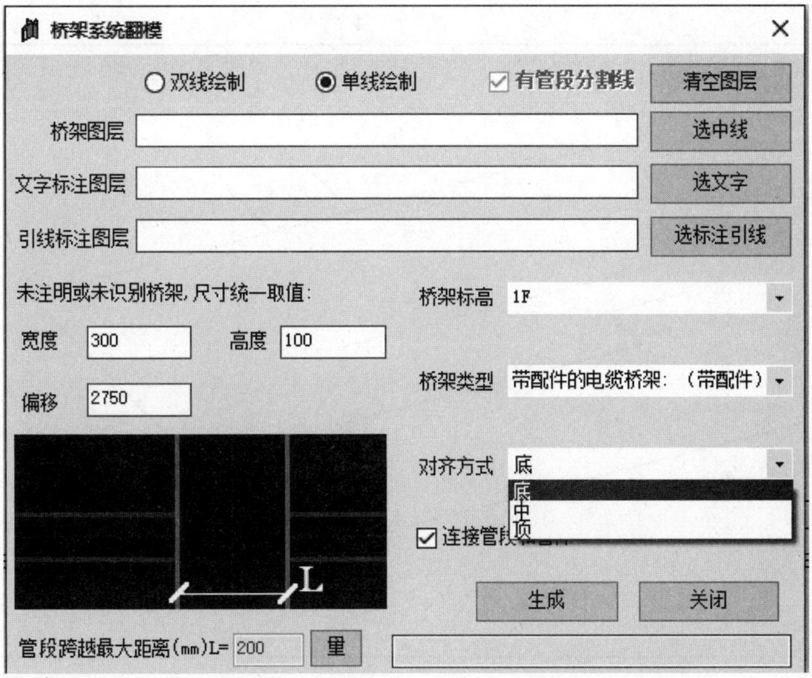

图 8-39 桥架标高、偏移量、桥架类型以及对齐方式设置

3. 生成桥架

桥架快速建模设置完成后默认勾选"连接管段和管件",单击"生成"按钮即可一键生成被识别图层对应的所有桥架,如图 8-40 与图 8-41 所示。

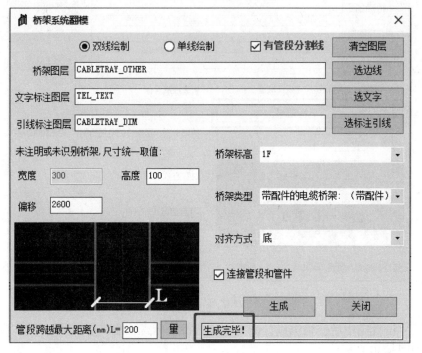

图 8-40　桥架"生成完毕"界面

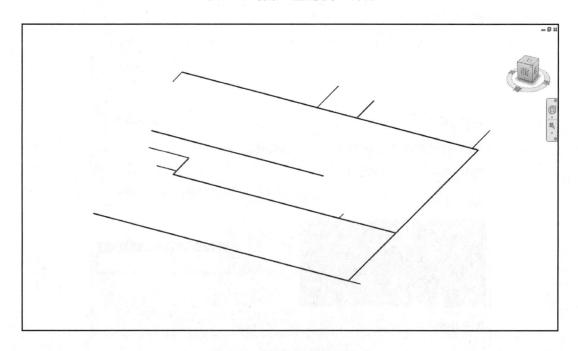

图 8-41　桥架快速建模三维视图

8.2.2 线管快速建模

通过 Revit 插件"橄榄山"的"线管翻模"功能，如图 8-42 所示，可以实现线管的快速建模，大幅提高建模效率。快速建模流程如下：

图 8-42 "线管翻模"功能模块

1. 处理 CAD 底图

线管快速建模前也需要对 CAD 图纸进行处理，图纸处理原理与桥架快速建模一致。

2. 快速建模设置

（1）识别 CAD 图层　基于 Revit 中的 CAD 底图在"线管翻模"设置界面中依次对线管对应的导线图层进行选择，如图 8-43 所示。

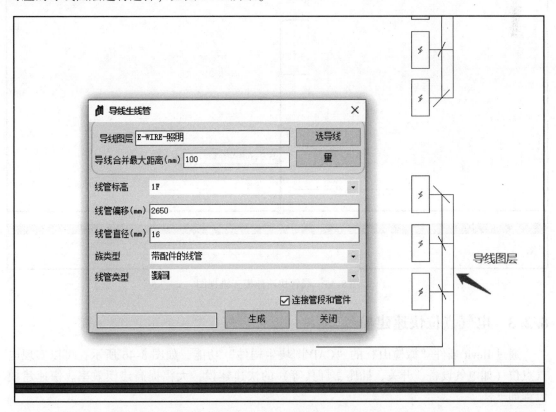

图 8-43 图层识别界面

（2）设置线管参数　在"线管翻模"设置界面，设置线管标高、线管偏移、线管直径以及族类型等参数，如图 8-44 所示。

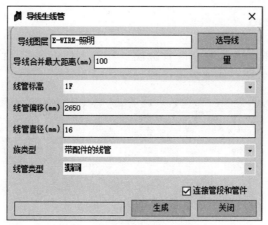

图 8-44　线管参数设置界面

（3）生成线管　"线管翻模"设置完成后默认勾选"连接管段和管件"，单击"生成"按钮即可一键生成被识别图层对应的所有线管，如图 8-45 所示。

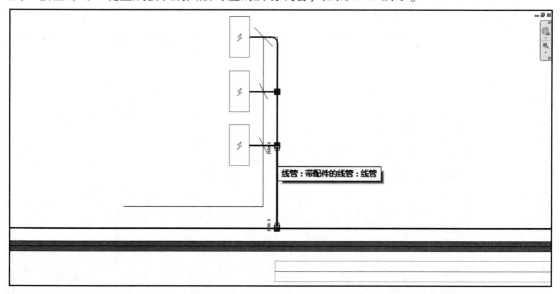

图 8-45　线管快速建模三维视图

8.2.3　电气点位快速建模

通过 Revit 插件"橄榄山"的"CAD 图块生构件"功能，如图 8-46 所示，可以实现电气点位（如电气设备、开关、插座、灯具等）的快速建模，大幅提高建模效率。快速建模流程如下：

图 8-46　"CAD 图块生构件"功能模块

1. 处理 CAD 底图

电气点位快速建模前也需要对 CAD 图纸进行处理，图纸处理原理与桥架、线管快速建模一致。

2. 快速建模设置

（1）识别 CAD 图层　根据电气点位的类型选择电气点位对应的 CAD 图块进行识别，如图 8-47 所示。

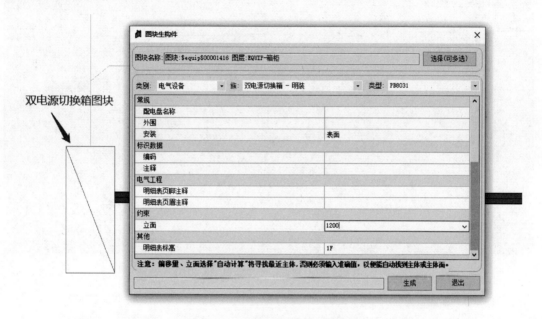

图 8-47　选择电气点位 CAD 图块

（2）快速建模设置　在设置界面选择族及类型后插件会自动弹出对应族的参数，根据建模要求进行相关参数设置，如图 8-48 所示。

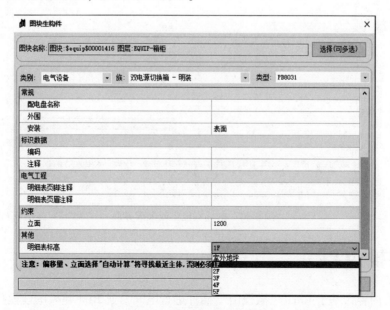

图 8-48　族及参数设置界面

3. 生成电气点位

电气点位参数设置完成后单击"生成"按钮，即可一键生成被识别图块对应的电气点位，如图 8-49 所示。需要注意某些电气点位模型需依附于墙面、地面、吊顶等主体构件，否则无法生成，如图 8-50 所示。

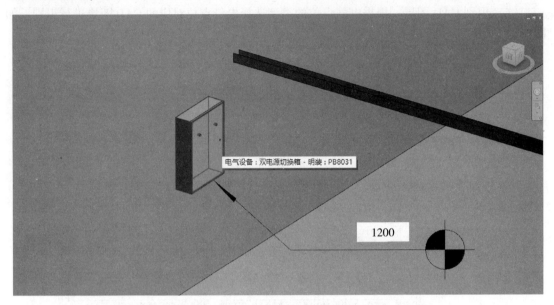

图 8-49　电气点位快速建模三维视图

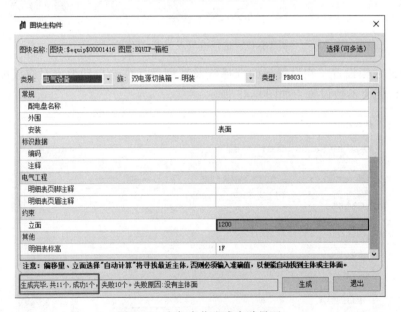

图 8-50　电气点位生成失败界面

8.3　建模技巧

本节主要内容为基于 Revit "橄榄山"插件进行电气专业 BIM 建模的建模技巧。

8.3.1 Revit 建模技巧

1. 取消桥架自动连接

利用 Revit 进行电缆桥架建模时可能出现不同标高桥架自动连接与设计不符的情况，如图 8-51 所示。错误的桥架自动连接在建模过程中不易察觉，尤其是各层桥架密集且竖向桥架较多的情况。

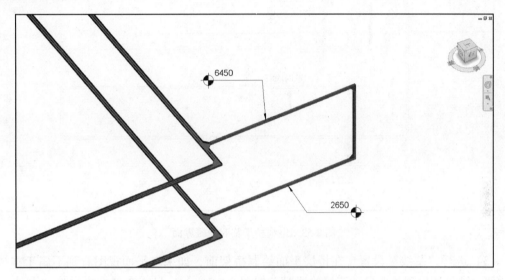

图 8-51　桥架自动连接示意图

造成桥架自动连接的原因是绘制桥架过程中软件自动捕捉到了其他桥架，并默认将新绘制的桥架与其他桥架连接，如图 8-52 所示。解决类似问题有以下三种建模技巧。

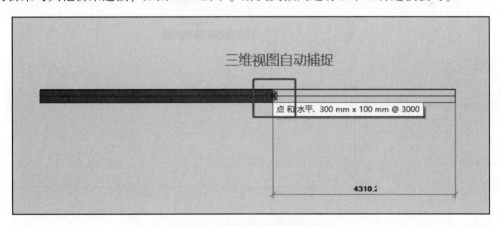

图 8-52　三维视图自动捕捉桥架

（1）避免三维视图建模　在 Revit 中进行桥架建模时桥架模型应在对应楼层平面视图建模，避免在三维视图进行多个楼层大批量桥架建模，因为楼层平面的默认视图范围有限，进行本层桥架绘制时其他层桥架一般不可见，软件无法自动捕捉其他楼层桥架，而三维视图中所有楼层的桥架都是可见的，软件可以自动捕捉到其他楼层的桥架从而进行自动连接。仅在需要进行不同标高桥架连接时在三维视图进行局部建模即可。

（2）隐藏已建模桥架　针对必须在三维视图建模的情况，可以利用构件"临时隐藏"功能使其他桥架不可见，如图8-53所示。将已经绘制完成的桥架临时隐藏后软件将无法自动捕捉其他桥架并自动连接，待桥架绘制完成后恢复图元可见性即可。

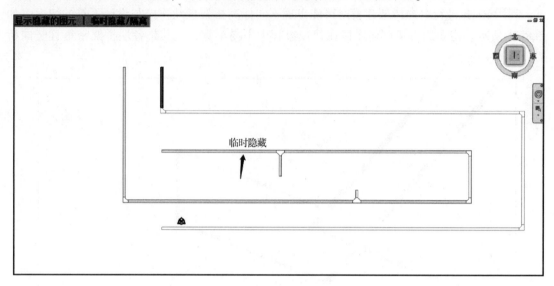

图8-53　电缆桥架临时隐藏界面

（3）进行"基线"设置　在楼层平面绘制桥架前，如果在平面视图看到不属于本楼层的桥架，则可能出现桥架自动连接的情况，如图8-54所示。只需在属性栏中将"基线"设置为"无"即可使其不可见，如图8-55所示。

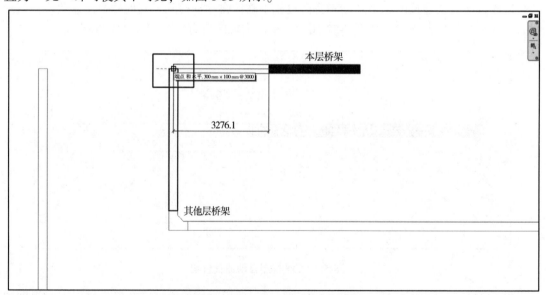

图8-54　楼层平面可见其他层桥架

2. 灵活应用"无配件的电缆桥架"

在Revit中绘制电缆桥架由于空间不足可能出现相邻三通、四通等桥架配件无法生成的情况，如图8-56所示。

图 8-55　楼层平面"基线"设置界面

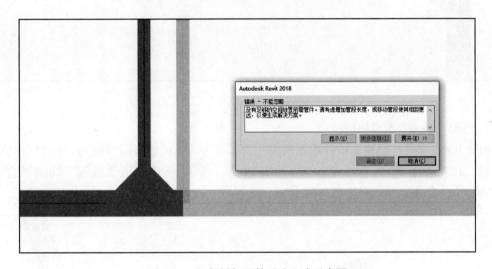

图 8-56　相邻桥架配件无法生成示意图

针对以上问题，只需将对应位置桥架构件类型更改为"无配件的电缆桥架"，即可生成对应的桥架配件，如图 8-57 和图 8-58 所示。

图 8-57　"无配件的电缆桥架"设置界面

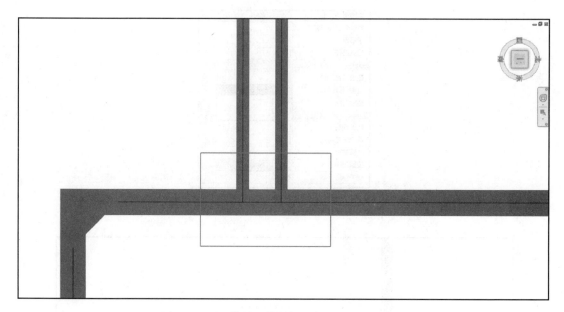

图 8-58　无配件的电缆桥架相邻三通生成示意图

3. 巧用"线管"绘制电缆

由于 Revit 中没有绘制电缆的功能模块，当需要进行电缆建模时可利用"线管"功能进行绘制，通常电缆的弯曲半径为电缆外径的 20 倍，在 Revit 中利用"线管"功能可直接定义弯曲半径，电缆建模效果如图 8-59 所示。

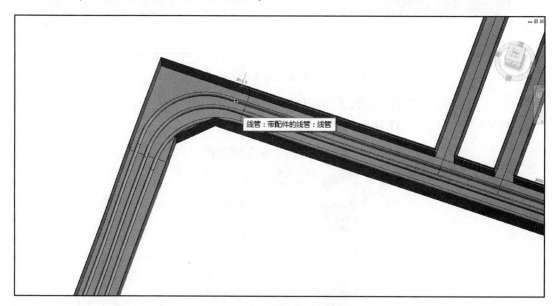

图 8-59　绘制电缆三维视图

4. 巧用快捷键

在 Revit 建模过程中灵活应用快捷键可以大幅提高建模效率，电气专业 BIM 建模常用快捷键见表 8-2。

表8-2 Revit常用快捷键

建模命令	快捷键	修改命令	快捷键
电缆桥架	CT	对齐	AL
电缆桥架配件	TF	修剪/延伸为角	TR
线管	CN	拆分图元	SL
线管配件	NF	旋转	RO
电气设备	EE	移动	MV
照明设备	LF	复制	CO
弧形导线	EW	临时隐藏	HH
电气设置	ES	对齐尺寸标注	DI

以上快捷键均为Revit软件默认快捷键，在Revit中还可以根据个人操作习惯自定义快捷键设置，通过依次点选"文件-选项-用户界面-快捷键自定义"，即可进入快捷键设置界面，如图8-60所示，通过关键词搜索建模命令即可自定义快捷键。

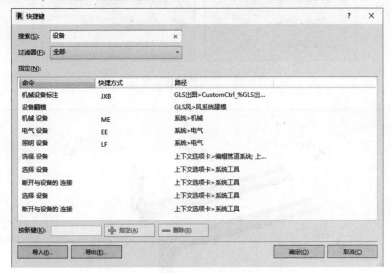

图8-60 Revit快捷键自定义设置界面

8.3.2 "橄榄山"插件建模技巧

1. 快速创建竖向桥架

在Revit软件中创建竖向桥架需要通过先对桥架进行翻弯，再删除多余桥架及桥架配件的方式实现，如图8-61所示。

图8-61 Revit竖向桥架建模示意图

以上竖向桥架建模方式操作较烦琐且无法精确定位竖向桥架高度,降低了电气专业 BIM 建模效率。通过"橄榄山"插件中的"创建管线"功能模块,如图 8-62 所示,可快速创建向上及向下的竖向桥架,只需设置好竖向桥架的方向及偏移距离,如图 8-63 所示,即可完成竖向桥架建模,如图 8-64 所示。

图 8-62　"创建管线"功能模块

图 8-63　竖向桥架建模设置

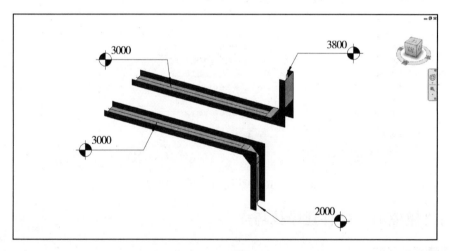

图 8-64　竖向桥架三维视图

2. 快速桥架翻弯

在 Revit 中对电缆桥架进行翻弯步骤烦琐,效率低。利用"橄榄山"插件中的"智能翻弯"功能模块可以对电缆桥架进行快速智能翻弯,如图 8-65 所示。

图 8-65　"智能翻弯"功能模块

　　在"智能翻弯"模块中设置好电缆桥架的翻弯类型、翻弯方式、距离、避让方向以及角度即可通过依次单击桥架翻弯起点与终点实现自动翻弯，大幅提高桥架建模效率，如图 8-66 所示。同理，插件还可以实现桥架立管的快速翻弯，如图 8-67 所示。

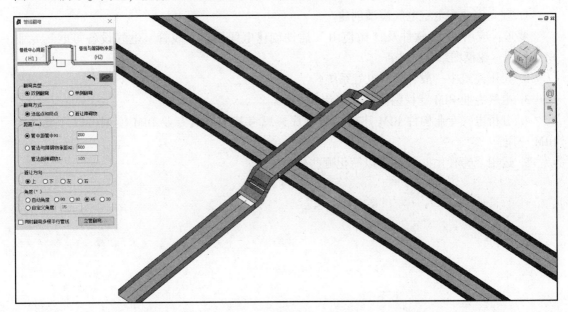

图 8-66　　"智能翻弯"设置界面

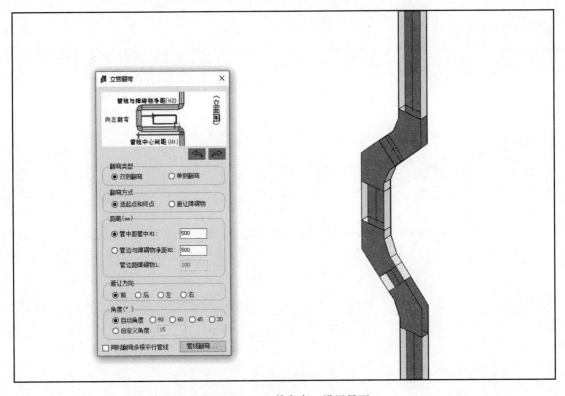

图 8-67　　"立管翻弯"设置界面

8.4　练习与思考题

1. 独立完成配电室电气模型创建。

要求：应用 Revit 软件及"橄榄山"插件创建电缆桥架、线管、电气设备等电气专业 BIM 模型，建模图纸自行准备。

2. 民用建筑中一般有哪些电气系统？

3. 电气专业 BIM 建模整体流程是什么？

4. 分析电气专业构件 BIM 建模先后顺序，思考基于电气专业 BIM 模型可以开展哪些 BIM 应用？

5. 运用"橄榄山"插件可以简化哪些建模流程？

应用实践篇

第9章　多专业模型深化

1. 了解装配式建筑、轨道交通工程、市政道桥工程以及综合管廊工程的概念及模型分类。

2. 熟悉装配式建筑、轨道交通工程、市政道桥工程以及综合管廊工程的建模流程及深化步骤。

3. 掌握装配式建筑、轨道交通工程、市政道桥工程以及综合管廊工程实践应用思路与实施内容。

1. 能够运用 Revit 进行装配式建筑、轨道交通工程、市政道桥工程以及综合管廊建模。

2. 能够根据装配式建筑、轨道交通工程、市政道桥工程以及综合管廊工程 BIM 模型开展深化。

3. 能够应用装配式建筑、轨道交通工程、市政道桥工程以及综合管廊工程 BIM 模型开展工程实践应用。

9.1　装配式建筑

9.1.1　装配式建筑构件分类

装配式建筑是指把传统建造方式中的大量现场作业工作转移到工厂进行，在工厂加工制作好建筑用构件和配件（如楼板、墙板、楼梯、阳台等），运输到建筑施工现场，通过可靠的连接方式在现场装配安装而成的建筑。装配式建筑主要包括预制装配式混凝土结构、钢结构、现代木结构建筑等。本章涉及的主要是预制装配式混凝土结构体系，该体系常见的有装配式框架结构、装配式剪力墙结构（包括叠合板式剪力墙结构）、装配式框架-现浇剪力墙结构、装配式框架-现浇核心筒结构、装配式部分框支剪力墙结构以及内浇外挂装配式混凝土结构。

预制装配式混凝土结构 BIM 模型深化主要针对预制混凝土构件（PC 构件），常见的预制混凝土构件类型见表 9-1，预制构件 BIM 深化模型如图 9-1 所示。

表 9-1　常见的预制混凝土构件类型

类别	构件类型	构件结构	构件用途
主体和围护结构	预制墙体	实心、叠合	预制剪力墙、预制外挂墙板、预制夹心保温外墙板、预制内墙板、预制 PCF 板、预制女儿墙
	预制柱	实心、空心	预制柱
	预制梁	全预制、叠合	预制主/次梁、叠合主/次梁
	预制板	全预制、叠合、带肋、双 T	叠合楼面板、预制楼面板、预制阳台、预制走廊、预制空调板
	预制楼梯	板式、梁式	预制楼梯段、预制休息平台
非承重内隔墙			预制整体内隔墙板、预制混凝土条板
其他			预制整体厨房、预制整体卫生间、预制阳台栏板、预制走廊栏板、预制花槽等

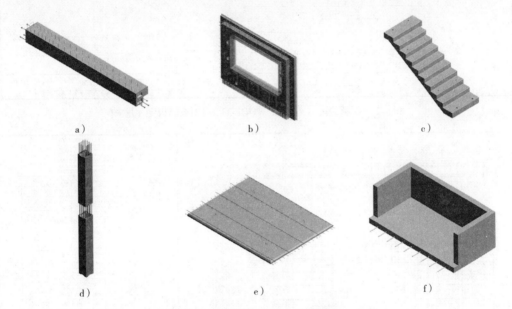

图 9-1　预制构件 BIM 深化模型
a）预制叠合梁　b）预制夹心保温剪力墙板　c）预制楼梯
d）预制柱　e）预制柱叠合板　f）预制阳台板

9.1.2　装配式建筑模型深化

　　本节主要内容为预制装配式混凝土结构建筑中的预制构件模型深化，预制构件模型深化内容包括预制构件的形状、尺寸、配筋以及预埋件等，通过 BIM 模型对预制构件进行深化可确保钢筋与预留洞口、预埋件互相协调，达到提高预制构件连接节点施工效率的目的。

　　本节以国家建筑标准设计图集《预制混凝土剪力墙外墙板》（15G365-1）中的预制装配式外墙板 WQC1-3328-1214 为例，如图 9-2 与图 9-3 所示，阐述应用 Revit 软件进行装配式建筑预制构件深化的基本流程。

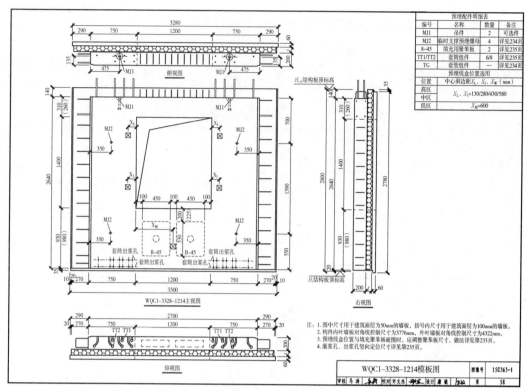

图 9-2　预制装配式外墙板 WQC1-3328-1214 模板图示意图

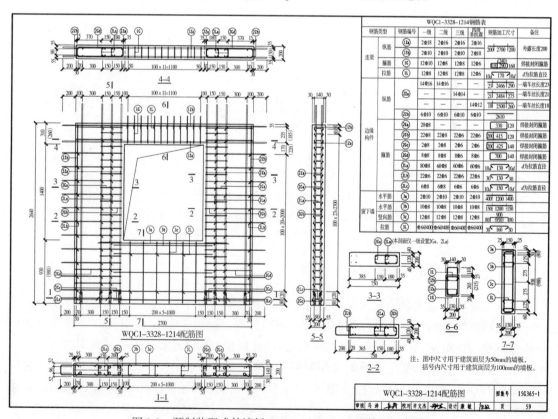

图 9-3　预制装配式外墙板 WQC1-3328-1214 配筋图示意图

1. 创建预制构件族

在 Revit 中进行预制构件深化主要通过制作族文件的方式实现。基于公制常规模型族样板新建一个以预制装配式外墙板 WQC1-3328-1214 为名的公制常规模型族文件。

2. 创建预制构件主体模型

根据预制装配式外墙板图集中 WQC1-3328-1214 的模板图，创建预制构件的主体模型，即外叶墙板、内叶墙板、保温层等，此处以外叶墙板为例，其余主体模型建模原理类似。

（1）"实心拉伸"创建墙板实体　利用 Revit 族文件模型创建选项中的"拉伸（实心拉伸）"功能，根据墙板剖面轮廓按照外叶墙板长度、高度、厚度等尺寸创建外叶墙板实体模型，如图 9-4 与图 9-5 所示。

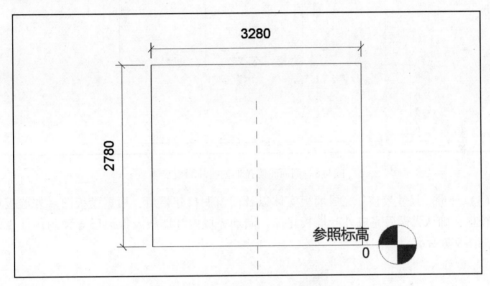

图 9-4　立面轮廓拉伸创建外叶墙板实体

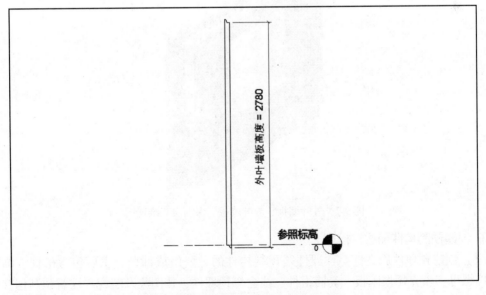

图 9-5　剖面轮廓拉伸创建外叶墙板实体

（2）"空心拉伸"创建墙板洞口　利用 Revit 族文件模型创建选项中的"空心拉伸"功能，根据墙板上门窗洞口尺寸创建外叶墙板洞口，如图 9-6 所示。

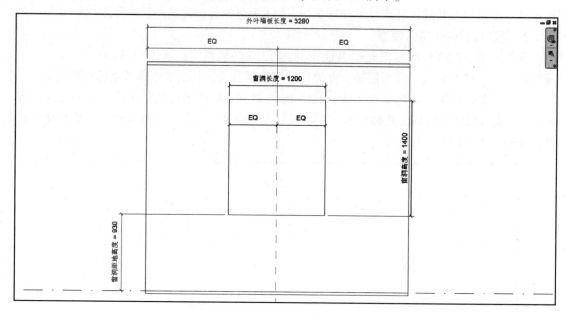

图 9-6　剖面轮廓拉伸创建外墙板实体

（3）外形、尺寸校核　完成墙板实体以及门窗洞口建模后，根据模板图对外墙板尺寸进行校核，确认无误后完成外叶墙板建模，同理完成内叶墙板及保温层等预制构件主体建模，如图 9-7 所示。

图 9-7　外叶墙板、内叶墙板、保温层三维视图

3. 创建预制构件预埋件模型

（1）创建预埋件族文件　预埋件是预制构件的重要组成部分，主要包含吊件、临时支撑预埋螺母、填充用聚苯板、套筒组件、线盒等预埋件，在图集及装配式建筑预制构件图中对埋件尺寸均有详细说明，如图 9-8 所示。

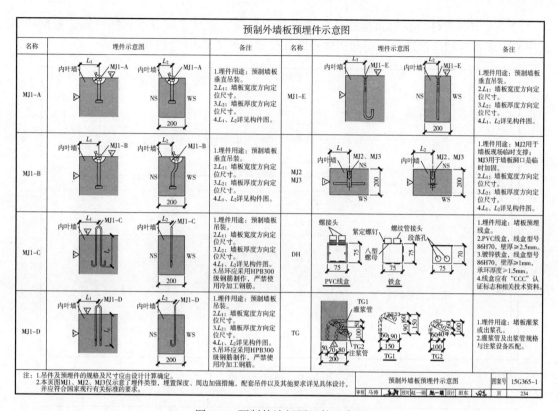

图 9-8　预制外墙板预埋件示意图

　　基于预埋件详图在 Revit 中可以直接在预制构件族文件中创建预埋件模型，也可以创建预埋件族文件并载入到预制构件族文件中形成嵌套族，预埋件族创建流程为族建立基础能力，不再赘述。由于装配式建筑预制构件中预埋件形式大致相同且多为标准化构件，因此创建预埋件族库通过嵌套族方式创建不同类型的预制构件模型可以大幅减少重复工作，提高建模效率，预埋件族库如图 9-9 所示。

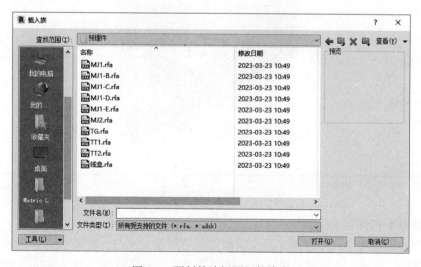

图 9-9　预制外墙板预埋件族库

（2）布置预埋件　在预制构件族文件中载入套筒、埋件、线盒等预埋件族，根据图集或图纸要求布置相应预埋件，精确调整预埋件位置，如图9-10与图9-11所示。

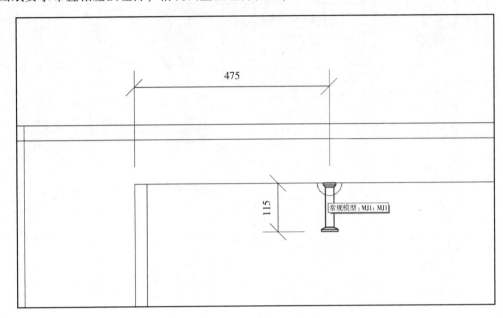

图 9-10　预埋件定位

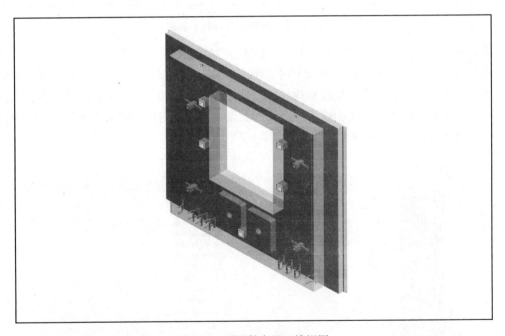

图 9-11　预埋件布置三维视图

4. 创建预制构件钢筋模型

（1）创建钢筋族文件　预埋件是预制构件的重要组成部分，主要包含纵向筋、水平筋、箍筋、拉筋等，在图集及装配式建筑预制构件图中对于配筋均有详细说明及图示，如图9-12所示。

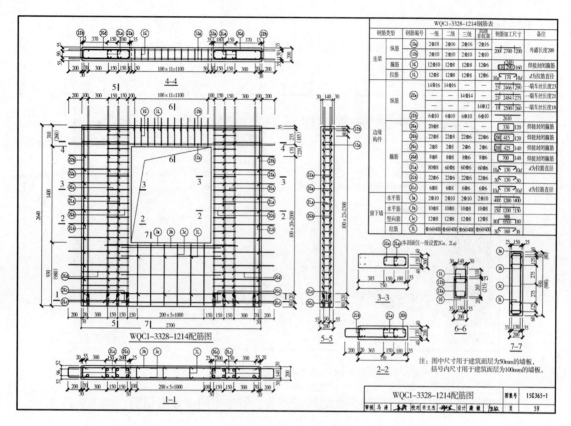

图 9-12　预制构件配筋图

　　基于配筋图在 Revit 中可以直接在预制构件族文件中创建钢筋模型，也可以创建钢筋族文件并载入到预制构件族文件中形成嵌套族，钢筋族创建流程为族建立基础能力，不再赘述。由于装配式建筑预制构件中钢筋形式较少，钢筋尺寸变化较多，因此创建参数化钢筋族并通过嵌套族载入预制构件族的方式布置钢筋可以大幅提高预制构件钢筋建模效率，参数化钢筋族设置如图 9-13 所示。

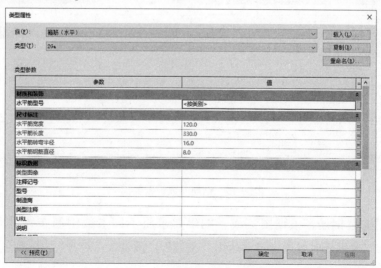

图 9-13　参数化钢筋族设置

（2）布置钢筋

1）载入参数化钢筋族。创建纵向钢筋、水平钢筋、箍筋及拉筋的参数化族并载入预制构件族文件中，如图9-14所示。

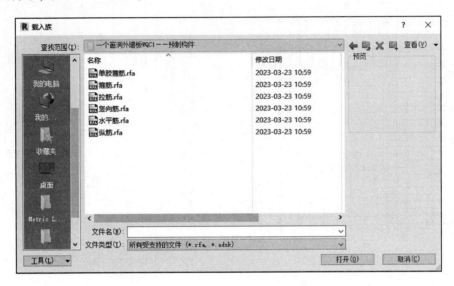

图9-14　载入参数化钢筋族文件

2）设置钢筋参数。根据配筋图及配筋表要求，创建不同参数的钢筋，如图9-15所示。

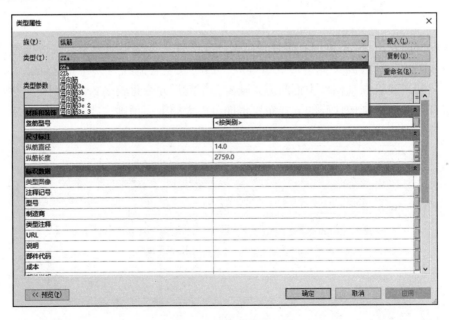

图9-15　钢筋参数设置界面

3）定位并布置钢筋。根据图集或者图纸要求将不同参数钢筋布置到对应位置，如图9-16所示。布置钢筋时可通过灵活运用"复制""镜像""对齐""阵列"以及"旋转"等操作命令提高建模效率。

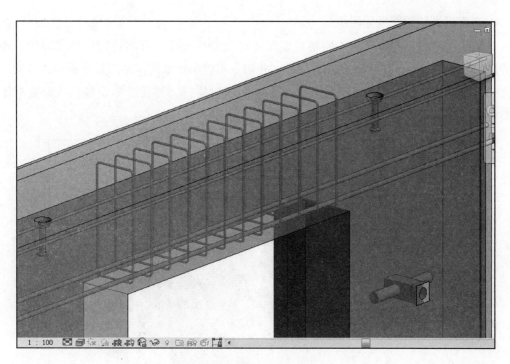

图 9-16　箍筋布置示意图

5. 碰撞检查

预制构件所有模型创建完成后，通过调整视图及视角对预制构件主体、预埋件以及钢筋进行碰撞检查，对碰撞位置进行微调，最终形成预制构件 BIM 深化模型，如图 9-17 所示。

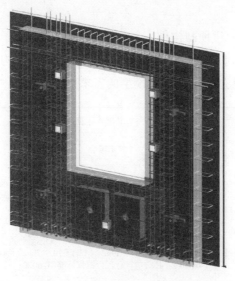

图 9-17　预制构件 BIM 深化模型

9.1.3　工程实践应用

BIM 技术在装配式建筑工程可开展如下实践应用。

1. 方案设计阶段可视化展示

方案设计阶段主要基于 BIM 模型对装配式建筑项目的设计方案进行可视化展示，主要经济指标分析以及平、立、剖面方案决策，并初步明确项目结构体系以及预制构件方案。一般会在方案设计 BIM 模型中分别创建现浇构件和预制构件，并通过模型颜色等形式对不同类型构件进行区分表现，如图 9-18 所示。

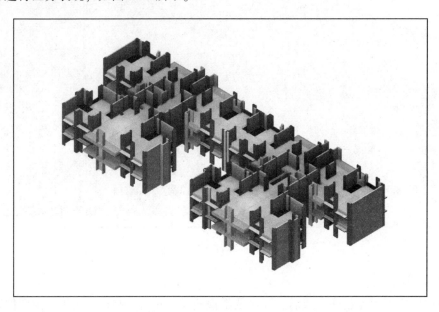

图 9-18　装配式建筑方案设计 BIM 模型

2. 建立预制构件库

可根据预制构件种类创建预制构件库，如图 9-19 所示，基于预制构件库可以实现装配式建筑 BIM 模型的快速创建以及模型工程量的快速统计。预制构件库中的构件模型精度可达到 LOD300，满足快速建立装配式 BIM 模型的需求。

构件类型	装配式建筑预制构件库		
	构件编号	技术参数	图例
预制梁	YL33–1	尺寸为250mm × 200mm × 1320mm，其混凝土强度等级为C30，用量为0.064m³。含钢筋23.234kg，混凝土154.24kg。其质量符合现行国家标准GB 50204	
	YL5–1、YL21–1	尺寸为250mm × 200mm × 1220mm，其混凝土强度等级为C30，用量为0.059m³。含钢筋20.617kg，混凝土142.19kg。其质量符合现行国家标准GB 50204	
	YL41–1	尺寸为250mm × 200mm × 1220mm，其混凝土强度等级为C30，用量为0.059m³。含钢筋33.747kg，混凝土137.37kg。其质量符合现行国家标准GB 50204	

图 9-19　装配式建筑预制构件库示意

3. 工程量统计

基于 BIM 模型进行工程量统计，包括各类型构件统计、现浇构件混凝土工程量统计、预制构件混凝土工程量统计、预制构件钢筋工程量统计以及预制构件预埋件工程量统计等。通过 BIM 模型精确统计构件种类、数量以及工程量，BIM 模型工程量信息如图 9-20 所示。

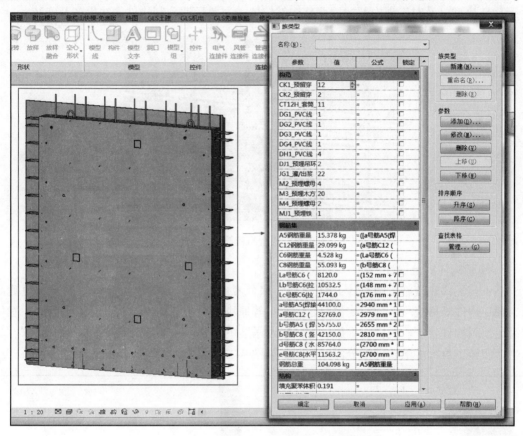

图 9-20　预制构件 BIM 模型工程量信息

4. 碰撞检查及优化

基于 BIM 模型进行碰撞检查，将各专业 BIM 模型与预制构件模型进行整合，发现预制构件模型与其他专业模型的碰撞问题，如预制构件与机电管线的碰撞，基于 BIM 模型对碰撞问题进行分析和优化，开展机电管线排布优化以及预制构件预留洞口分析工作，如图 9-21 所示，进一步提升设计方案的可行性，确保各专业模型完整性、准确性以及协调一致性。

施工图设计阶段各专业 BIM 模型完整度进一步提高，各专业模型深化程度逐渐加深，基于施

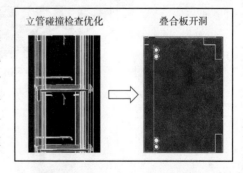

图 9-21　预制构件碰撞检查及预留洞口分析

工图设计 BIM 模型进行碰撞检查可以发现大量初步设计阶段无法发现的问题，并进行综合优化，前置化解决大量设计碰撞问题，进一步深化预制构件 BIM 模型的预埋件位置、洞口

预留等内容。

深化设计阶段主要需对预制构件与现浇构件间的碰撞以及预制构件内部构件的碰撞进行审查及优化，预制构件与现浇构件间的碰撞包括主体碰撞、钢筋碰撞以及连接部位碰撞等，预制构件内的碰撞主要为钢筋、预埋件以及线盒等构件的碰撞，如图9-22所示。基于深化设计BIM模型，及时发现内部碰撞调整构件位置，避免后期预制构件无法生产及安装。

图9-22　线盒与钢筋碰撞

5. 预制构件拆分设计

基于装配式建筑施工图设计BIM模型，综合考虑连接方式简单可靠、施工安装便捷高效、预制构件规格统一、预制构件组合形式多等原则，对预制构件拆分进行深化设计。确保在满足预制构件生产、脱模、堆放、运输以及吊装的前提下，制定满足项目装配率要求、具备生产和施工可行性的构件拆分深化方案，如图9-23、图9-24所示。

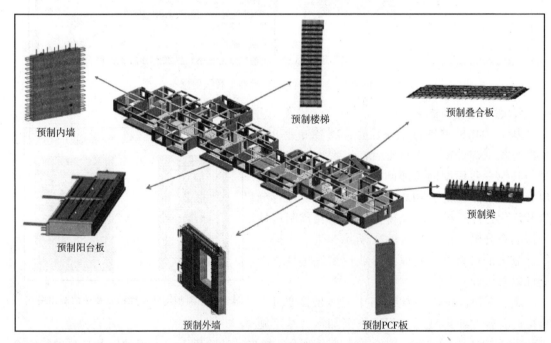

图9-23　装配式建筑预制构件拆解图

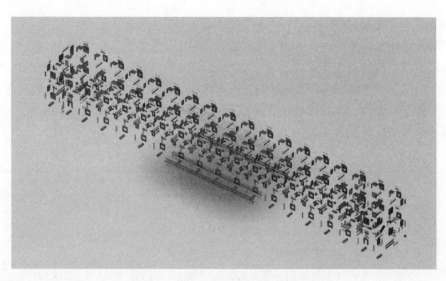

图 9-24　装配式建筑预制构件拆分图

6. 预制构件出图

施工图设计阶段各专业设计精度达到指导施工要求，预制构件模型深化精度可达到指导预制构件出图，基于预制构件模型可进行平、立、剖面以及详图出图，如图 9-25 所示。基于深化的模型可以对预制构件类型、数量、混凝土体积、钢筋重量等进行精准统计，从而调整预制构件类型和数量，辅助装配率计算。

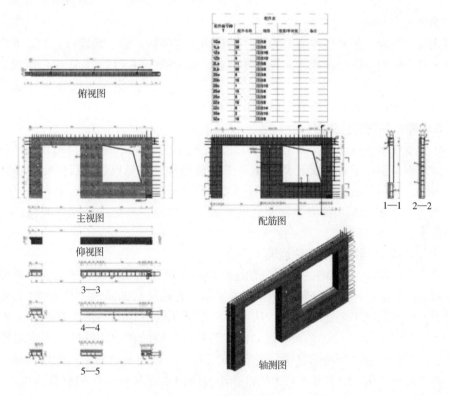

图 9-25　预制构件出图

7. 预制构件工程量统计

基于装配式建筑施工图设计 BIM 模型，可以根据项目需求通过 BIM 模型提取相关预制构件工程量信息，包括混凝土实体体积、装饰面层面积以及门窗数量等，针对单个预制构件，通过施工图设计 BIM 模型可以统计混凝土体积、钢筋重量以及预埋件数量等工程量，指导预制构件下料统计。预制构件工程量统计前，应对整体施工图设计 BIM 模型的构件扣减进行审核，扣减规则见表 9-2。

表 9-2　预制构件模型扣减规则

序号	预制构件扣减规则
1	结构专业构件与建筑专业构件分别绘制
2	构件与构件间应设置扣减禁止重叠，避免工程量重复计算
3	相同混凝土强度等级的混凝土构件扣减顺序为：柱扣减梁、梁扣减板
4	不同混凝土强度等级的混凝土构件扣减顺序为：高强度混凝土构件扣减低强度混凝土构件
5	结构构件扣减建筑构件

传统的工程量计算是预算人员根据施工蓝图人工测量，会消耗大量时间、精力，且在历经多次设计构想转换甚至范围变更后，很难避免出现图面与数量不一致或遗漏计算的问题，往往损失严重。采用以面向对象且链接数据库的 BIM 作为输出工程量的工具，可以快速、准确、高效地提取工程量，并避免了不同部门的重复计算，可以有效提升工程量计算的精准度。

8. 预制构件深化

深化设计阶段对预制构件内部的构件进行深化，包括钢筋、预埋件、线盒等内容。基于项目需求对以上构件进行深化，完善构件信息，确保构件精度达到加工生产级别，并可基于深化设计模型导出以上构件详图及材料清单。基于装配式建筑深化设计 BIM 模型，可以进行深化出图，导出平面图、剖面图以及节点大样图。

9. BIM 辅助预制构件生产

BIM 模型可用于辅助工厂预制构件加工，提高预制构件良品率，降低预制构件生产、存放及运输成本。生产前可基于 BIM 模型对工厂预制构件加工模板进行优化，提高预制构件标准化程度，提高预制构件加工模板周转率，降低预制构件生产成本。构件生产完毕后，基于 BIM 模型对工程预制构件方案以及运输路线进行模拟，避免生产完成的构件无法及时运走导致堆场费用高的问题。

10. BIM + RFID 辅助预制构件运输

构件生产阶段预埋 RFID 芯片，预制场的预制人员利用读写设备，将构件或部品的所有信息写到 RFID 芯片中，应用流程如图 9-26 所示。在构件运输阶段，将 RFID 芯片植入到运输车辆上，随时收集车辆运输状况，从而有效降低运输费用并加快工程进度，应用流程如图 9-27 所示。在预制构件进场及存储阶段，经验收合格的预制构件按照规定运输到指定位置堆放，并将构配件的到场信息录入到 RFID 芯片中，以便日后查阅构配件到场信息及使用情况。在构件吊装阶段，利用 RFID 技术在小范围内实现精确定位的特性，可以快速定位、安排运输车辆，提高工作效率，如图 9-28 所示。

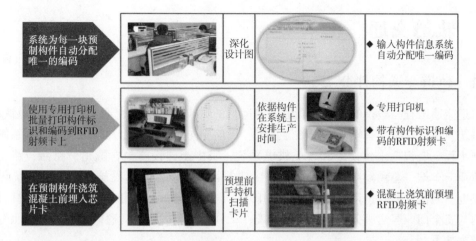

图 9-26　生产阶段 BIM + RFID 应用流程

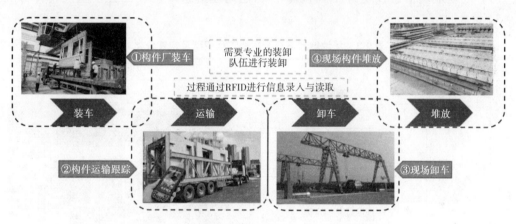

图 9-27　运输及堆放阶段 BIM + RFID 应用流程

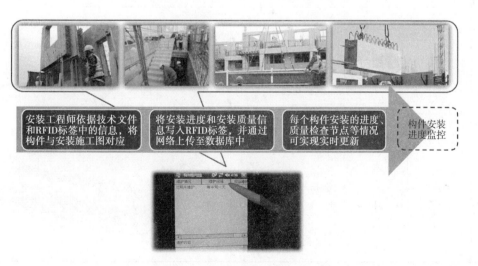

图 9-28　安装阶段 BIM + RFID 应用流程

9.2 轨道交通

9.2.1 轨道交通构件分类

轨道交通工程一般指的是采用轨道导向运行的城市公共客运交通系统，包括地铁系统、轻轨系统、单轨系统、有轨电车、磁浮系统、自动导向轨道系统以及市域快速轨道系统。轨道交通工程主要包括土建设施和各类机电系统，其中土建设施包含隧道、桥涵、路基、道床、轨道、车站、车辆段与综合基地、房屋建筑、道路以及附属设施等，机电系统包含车辆、供电、通信、信号、环境控制、给水排水、消防报警、自动售检票、电梯与防护设备、屏蔽门与安全门、客运服务设备、仪器仪表、工具器械等。轨道交通模型及构件按照专业及系统分类如下：

（1）场地地理信息及室外工程模型　场地地理信息及室外工程模型及构件分类见表9-3。

表 9-3　场地地理信息及室外工程模型及构件分类

序号	模型分类	模型构件	模型效果
1	场地	地形	
		现状道路、广场	
		新（改）建道路	
		现状建筑	
		新（改）建建筑	
		现状绿化、水体	
		新（改）建绿化	
2	市政管线	现状管线	
		新（改）建管线	
3	地质	地质	

（2）土建模型　土建模型及构件分类见表9-4。

表 9-4　土建模型及构件分类

序号	模型分类	模型构件	模型效果
1	车站	站厅	 （围护结构） （高架车站） （地下车站）
		站台	
		出入口	
		设备用房	
		管理用房	
		夹层	
		电梯井	
		换乘通道	
		电缆通道	
		围护结构	
		地基基础	
		通风井	
		屋面	
		车站天桥	
		避雷设施	
		附属	
2	车辆基地	车库及仓库	 （车辆基地）
		主变电	
		牵引变	
		降压变	
		控制中心	
		其他配套用房	
3	风井	风井	 （风井）

（续）

序号	模型分类	模型构件	模型效果
4	桥梁	上部结构	 （桥梁）
		支座	
		下部结构	
		附属设施	
5	隧道	隧道主体	 （盾构区间隧道）
		旁通道及泵房	
		隧道附属设备	
		门窗	
		吊顶	
		轻质隔墙	
		墙饰面	
		楼地面饰面	
		涂饰	
		细部	
		卫浴	
		百叶（幕墙板块）	
		窗	
		门	

（3）线路模型 线路模型及构件分类见表9-5。

表9-5 线路模型及构件分类

序号	模型分类	模型构件	模型效果
1	钢轨	无缝线路钢轨	
		有缝线路钢轨	
2	道岔	正线木枕 P60 钢轨道岔	
		正线混凝土长枕 P60 钢轨道岔	
		正线混凝土短枕 P60 钢轨道岔	
		正线板式 P60 钢轨道岔	
		场线木枕 P50 钢轨道岔	
		场线木枕 P60 钢轨道岔	
		场线混凝土长枕 P50 钢轨道岔	
		跨座式单轨道岔	
		双向钢轨伸缩调节器	

（续）

序号	模型分类	模型构件	模型效果
3	道床	碎石道床	
		整体道床	
		挡渣墙	
4	扣件	正线碎石道床非减振扣件	
		正线整体道床减振扣件	
		正线整体道床非减振扣件	
		场线碎石道床非减振扣件	
		场线整体道床非减振扣件	
5	轨枕	正线碎石道床轨枕	
		正线整体道床轨枕	
		场线碎石道床轨枕	
		场线整体道床轨枕	
6	路基	土路基	
7	附属设施	挡车器	
		道口	
		防脱护轨	
		轨道加强设备	
		轨道减振降噪设备	
		线路标志标识	
		排水沟	

（4）机电模型 机电模型及构件分类见表9-6。

表9-6　机电模型及构件分类

序号	模型分类	模型构件	模型效果
1	通风、空调暖通系统	空调机组	（机电综合模型） （设备模型）
		通风设备	
		空调风管及管件	
		风管附件	
		空调水管及管件	
		管道附件	
2	给水排水系统	机械设备	（电缆支架模型1）　（电缆支架模型2）
		管道及管件	
		管道附件	
		末端用水装置	
3	电气系统	电气设备	（接触网模型）
		电缆桥架	
		线缆	
		电气装置	
4	接触网系统	接触网	（接触轨模型）　（接触网隔离开关模型）
		接触轨	
		接触网附属设备	

（5）其他系统 轨道交通工程系统众多，除了以上列举的系统及构件以外，还包含信号系统、监控系统、自动售检票系统、火灾自动报警、乘客信息系统以及门禁系统等各类系统，因模型分类及模型构件与前述系统类似，此处不再赘述。

9.2.2 轨道交通构件深化

1. 轨道交通工程建模及深化基本原则

基于 Revit 的轨道交通工程车站建模及模型深化流程与建筑工程基本一致，但是模型创建应遵从如下原则。

1）建模及模型深化应严格按照轨道交通工程相关设计规范及相关 BIM 建模规则建模，确定统一的文件命名规则、构件命名规则以及专业代码等内容，并遵从相关国家标准要求，见表 9-7。

表 9-7 轨道交通工程相关标准

序号	标准名称
1	GB 50157—2013《地铁设计规范》
2	GB/T 51212—2016《建筑信息模型应用统一标准》
3	GB/T 51235—2017《建筑信息模型施工应用标准》
4	GB/T 51301—2018《建筑信息模型设计交付标准》
5	JGJ/T 448—2018《建筑工程设计信息模型制图标准》
6	GB/T 37486—2019《城市轨道交通设施设备分类与代码》

2）因轨道交通工程全线里程较长，整体建模对于软硬件性能要求极高，影响建模效率。因此建模及模型深化时应按照站点、区间、专业、系统等对模型进行合理拆分，确保拆分后的模型可以通过链接或者其他方式整合为整体模型，模型拆分可以参照以下原则：

①车站模型按专业、楼层分解。

②区间模型按专业、里程分解。

③车辆段和停车场按专业、功能分区分解。

④控制中心、办公楼等大型配套单体建筑物按专业、楼层分解。

⑤拆分后单个模型文件大小不超过 200MB。

⑥拆分后单个模型里程不超过 2km。

3）模型拆分及整合过程中，应确保模型的正确性与完整性，避免出现专业错乱、构件缺失、构件重叠等问题。

4）建模及模型深化的模型深度应根据轨道交通工程不同阶段 BIM 模型应用需求确定，各阶段 BIM 建模深度见表 9-8。

表 9-8 轨道交通工程各阶段 BIM 建模深度

序号	阶段名称	建模深度	详细说明
1	方案设计阶段	LOD100	方案设计阶段模型深度应满足二维化或者符号化识别需求，包含项目信息、组织角色等信息，保持模型定位基本准确

（续）

序号	阶段名称	建模深度	详细说明
2	初步设计阶段	LOD200	初步设计阶段模型深度应满足空间占位、构件尺寸、主要颜色等粗略识别需求，包含系统关系、组成、性能等属性信息
3	施工图设计阶段	LOD300	施工图设计阶段模型深度应符合国家现行设计文件编制深度规定，模型可满足构件尺寸、空间占位、主要颜色等几何表达精度，模型信息包含实体系统关系、组成及材质、性能或者属性等信息
4	深化设计阶段	LOD350	深化设计阶段模型深度在施工图设计阶段的基础上，还可满足深化设计、专业协调、施工模拟、预制加工以及施工交底等BIM应用需求
5	施工过程阶段	LOD400	施工过程阶段模型深度应包括施工模拟、预制加工、进度管理、成本管理、质量与安全管理等子模型，支持施工模拟、预制加工、进度管理、成本管理、质量与安全管理、施工监理的BIM应用
6	竣工验收阶段	LOD500	竣工验收阶段模型深度应基于施工过程模型形成，包含工程变更并附加或关联相关验收资料及信息，与工程项目交付实体一致，支持竣工验收BIM应用

5）建模及模型深化前应做好基础数据准备，主要分为图纸、报告以及BIM模型三类。

①图纸。包括但不限于：施工图设计平、纵、剖面图等主要设计文件；施工图设计变更图纸；风险工程专项设计图；管线改移方案平面图、断面图；地下管线探测成果图；障碍物成果图；架空管线探测成果图；管线改移区域周边地块平面图、地形图；管线改移区域周边建筑物、构筑物相关图纸；周边地块平面图、地形图等。

②报告。包括但不限于：详勘报告；环境初步调查报告；地下管线探测成果报告；障碍物成果报告；架空管线探查成果报告；管线改移方案、施工进度计划等。

③BIM模型。包括但不限于：方案设计模型、初步设计模型、施工图设计模型以及经深化后的相关BIM模型。

6）轨道交通工程机电模型建模及深化过程中需遵从以下原则：

①机电关系模型应避开构造柱、圈梁等容易被忽略的部位。

②机电管线综合排布深化时要考虑支吊架、装修龙骨厚度、管线保温层厚度、防火板厚度以及安装检修操作空间，并满足装修净高要求。

③站台层管线布置要考虑管线不能侵入设备限界，水管远离屏蔽门一侧。

④管线布置遵循风管在上，强电在中间，其次弱电，最下层为给水排水管线。

⑤管线交叉时，小管让大管，有压管让无压管，给水管在排水管上方。

⑥给水排水管线不宜上跨电缆桥架，确有困难时，水管弯头、三通、阀体等管道接口易漏部位应避开桥架正上方。

⑦可能产生冷凝水的风管、空调送风口、多联机室内机、风机盘管及水管等均应避开电气设备正上方；电气设备用房内严禁穿越各类无关的水管。

⑧所有与供电设备无关的管线应避开供电设备的正上方。

⑨管线单层布置时，应满足单侧预留不少于 250mm 的检修空间，两层及以上水平布置时，检修空间不小于 400mm 的间距。确有困难时，不小于 300mm 的间距。

2. 利用 Dynamo 实现快速精准建模及模型深化

Dynamo 为基于 Revit 的可视化编程建模插件，利用 Dynamo 可以实现轨道交通工程区间的快速建模，预应力箱梁上下部结构以及预应力钢丝束的精确建模，以及各类可用 Excel 或者手动输入控制参数的构件建模，Dynamo 可视化编程建模界面如图 9-29 所示。

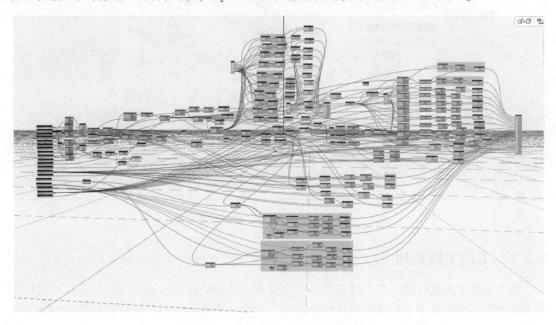

图 9-29　Dynamo 可视化编程建模界面

利用 Dynamo 可视化编程建模插件快速读取 Excel 文件中的数据，例如 Dynamo 读取路线三维坐标点数据，读取完成后软件可快速生成路线三维数据，一旦路线数据发生变动，软件可以自动及时更新数据，实现路线数据即时更新。通过在 Excel 中输入基本参数，利用 Dynamo 读取 Excel 中的基本参数可以实现轨道交通工程区间结构的尺寸变化及布置路径，大大提高盾构以及桥梁等区间工程建模效率，如图 9-30 和图 9-31 所示。

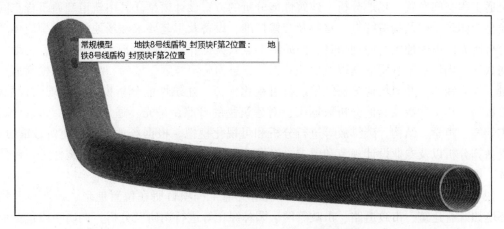

图 9-30　Dynamo 盾构区间可视化编程建模

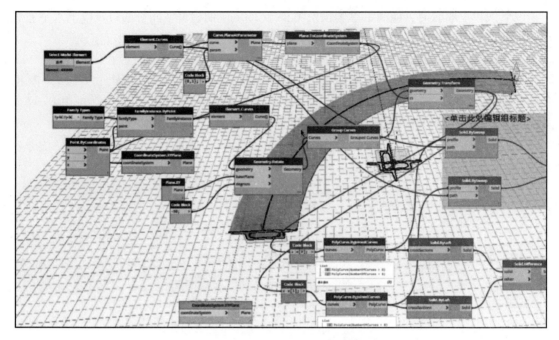

图 9-31　Dynamo 桥梁区间可视化编程建模

9.2.3　工程实践应用

轨道交通工程具有站点多、线路长、系统复杂、建设周期长、运营周期长、建设风险大等诸多难点，因此对于工程建设过程中的质量、进度、成本、安全、环境保护等管理要求极高。通过应用 BIM 技术可以有效应对以上各类问题，BIM 技术在轨道交通工程实践应用可按照阶段进行划分，具体应用内容如下。

1. 总体设计阶段

在总体设计阶段可以开展如下 BIM 工程实践应用：

（1）设计方案比选　总体设计阶段基于 BIM 模型可以对轨道交通工程选址、出入口位置、周边环境、地面设计、地下设计以及现状改造等设计方案进行可视化模拟，建立包含轨道交通工程空间布置、场地分析、建筑性能分析的方案设计模型。其中轨道交通工程空间布置模型应体现结构及构造特点、材料及装修标准、设备及工艺要求。场地分析模型应体现场地分析所需的电子地图、地理信息、原始地形点云数据、数字高程模型（DEM）、场地既有管网数据、周边主干管网数据以及地貌数据等，进而确定坡度、坡向、高程、纵横断面、填挖量、等高线等，并对场地分析结果进行可视化模拟。建筑性能分析模型应体现设计数据、气象数据、热工参数及其他分析数据等，对建筑物的日照、采光、通风、能耗、人员疏散、火灾烟气、声学、结构、碳排放等进行分析和可视化模拟。根据场地分析、建筑性能分析、投资估算分析以及专业设计规范和要求，对设计方案的可行性、功能性和美观性进行评估和比选。根据设计方案比选结果，确定最终方案设计。

（2）场地分析　总体设计阶段包括对轨道交通工程项目所在位置地形、地质以及周边的环境如既有建筑、市政道路、市政管网、园林绿化等进行调研及分析，调研手段包括但不限于无人机航拍、三维激光扫描以及基于实景的 BIM 逆向建模等，基于调研结果建立场地

BIM 模型或虚实结合模型，利用三维可视化场地模型进行相关场地分析。通过模型对轨道交通工程整体方位，与周边建筑物及环境的关系，以及交通流线等进行三维可视化分析，可以有效提高场地分析效率及准确率，精准评估场地使用条件，做出基于项目自身最合理的场地规划、交通流线关系、场地红线、土地征收以及施工借地方案。

（3）场地现状仿真　场地分析阶段为真实还原轨道交通工程所在位置的现状情况，可利用无人机、三维激光扫描仪等硬件设施对现状环境进行数据采集。其中利用无人机航拍可以快速获取大范围实景数据，通过倾斜摄影建模技术，将无人机航拍数据转化为倾斜摄影实景模型。针对隐蔽空间或者无人机无法到达区域，可利用三维激光扫描仪获取真实信息，创建三维激光点云模型。基于采集到的场地现状真实数据，利用 BIM 模型进行逆向建模，可以实现场地现状三维可视化仿真，并基于现状场地模型开展场地规划及方案设计工作。

（4）规划符合性分析　利用 BIM 数据集成与管理平台集成城市轨道交通线/网方案设计模型，分析城市轨道交通工程与周边环境建（构）筑物的位置关系、交通接驳关系、车站换乘关系、商业一体化开发关系等，实现城市轨道交通工程设计与城市规划协同。

（5）服务人口分析　利用 BIM 数据集成与管理平台集成城市轨道交通线/网方案设计模型，并通过接入城市人口分布信息库获取人口的年龄、性别、职业等信息，快速统计车站周边指定范围内建筑物的人口信息，用于客流量和服务人口的预测分析。

（6）景观效果分析　利用 BIM 数据集成与管理平台集成城市轨道交通线/网方案设计模型，模拟城市轨道交通线路及周边环境，分析城市轨道交通建（构）筑物、设施与周边环境结合的景观效果。

（7）噪声影响分析　利用 BIM 数据集成与管理平台集成城市轨道交通线/网方案设计模型和噪声影响分析软件输出的数据，在三维场景中展示噪声影响范围，统计分析城市轨道交通运行噪声影响区域内的建筑（数量、面积、产权单位、用途等）、人员（数量、职业等）等信息。

（8）征地拆迁分析　在场地模型中集成城市用地规划、建（构）筑物产权单位、建设年代、建筑面积、城市人口分布等信息，利用 BIM 数据集成与管理平台分析设计方案需要拆迁的建（构）筑物的数量、面积、产权单位和拆迁成本等。

（9）地质适宜性分析　利用 BIM 数据集成与管理平台集成城市轨道交通线/网方案设计模型，分析设计方案中线路穿越的地层、地下水和不良地质情况，提高方案分析和调整的效率。

（10）规划控制管理　利用 BIM 数据集成与管理平台集成城市轨道交通线/网方案设计模型和城市控/详规信息，建立包含完整环境模型信息的数字城区，进行设计方案审查、规划控制，实现整个规划的动态管理。

（11）其他分析　利用 BIM 模型开展投资估算分析、施工安全风险分析、设计方案可视化分析、控制因素分析等其他应用。

2. 初步设计阶段

初步设计阶段可应用 BIM 对设计方案或重大技术问题的解决方案进行综合分析，协调设计接口、稳定主要外部条件，论证技术上的适用性、可靠性和经济上的合理性。利用初步设计模型对建筑设计方案、结构施工方案、专项风险工程、交通影响范围和疏解方案、管线影响范围和迁改方案进行可视化沟通、交流、讨论和决策。

在初步设计阶段可以开展如下 BIM 工程实践应用：

（1）全专业初步设计模型创建　创建轨道交通工程全专业初步设计模型，包含项目所有相关专业的初步设计信息，初步设计模型应包含土建、机电、装饰装修等各专业。

（2）设计方案可视化 利用初步设计模型展现设计方案并进行方案分析，充分展示城市轨道交通与周边环境的空间关系、出入口位置等关键因素，进行方案沟通交流。

（3）控制因素分析 利用初步设计模型进行轨道交通线路与周边环境的协调性检查及环境影响分析，形成控制因素报告及模拟视频，直观展示城市轨道交通工程穿越的风险工程、涉及的一体化开发工程等控制因素，分析其对城市轨道交通工程的制约程度。

（4）换乘方案模拟 利用初步设计模型模拟客流、展示换乘方案等，直观、清晰地模拟分析车站换乘方案，形成换乘方案报告及模拟视频，实现换乘方案的高效决策，为方案讨论、宣传、公示等活动提供支撑。

（5）设计方案比选 建立比选设计方案模型，对各方案的可行性、功能性、美观性等方面进行分析，形成相应的方案比选报告，选择最优设计方案。

（6）施工工法模拟 利用初步设计模型模拟施工工法并形成模拟视频，清晰表达设计方案的施工工法、辅助措施等信息，辅助施工工法的论证和比选。

（7）交通疏解、管线迁改模拟 利用初步设计模型分阶段模拟并优化管线迁改和道路疏解方案，利用模拟视频清晰表达交通疏解、管线改迁方案随进度计划变化的状况，反映各施工阶段存在的重点难点，检查并优化方案，辅助工程筹划。

（8）其他应用 利用初步设计 BIM 模型开展工程量统计、管线碰撞检查、三维管线综合、限界优化设计、设计进度、质量管理等其他应用。

3. 施工图设计阶段

施工图设计阶段可应用 BIM 对设计方案进行综合模拟及检查，优化方案中的技术措施、工艺做法、用料等，在初步设计的基础上辅助编制可供施工和安装阶段使用的设计文件。利用模型开展设计进度和质量管理、限界优化设计、管线碰撞检查、三维管线综合、预留预埋检查及工程量统计等方面的应用，提高设计质量。在施工图设计阶段可以开展如下 BIM 工程实践应用：

（1）全专业施工图模型创建 创建轨道交通工程全专业施工图设计模型，包含项目所有相关专业的施工图设计信息，初步设计模型应包含土建、机电、装饰装修等各专业。

（2）设计进度和质量管理 利用 BIM 数据集成与管理平台实现对设计图和 BIM 交付成果的集中存储与管理，保证交付数据的及时性与一致性，在 BIM 数据集成与管理平台中进行设计任务分配及模型管理，确保信息沟通及时准确、工作开展顺畅有序，提高设计效率和质量。

（3）限界优化设计 利用施工图设计模型，开展限界与土建、设备的碰撞检查，辅助车辆限界、设备限界和建筑限界设计，提高设计质量。

（4）基于 BIM 的工程量复核 利用施工图设计模型输出各清单子目工程量与项目特征信息，根据工程量清单中的分部分项优化完善模型数据，保证清单项与构件一一对应，辅助编制、校核工程量清单，提高各阶段工程造价的效率与准确性。

（5）碰撞检查与管线综合 利用施工图设计模型检测专业之间或专业内部的设施设备空间布置是否碰撞、是否满足特定间距要求，形成碰撞分析报告，辅助优化设计。根据碰撞分析报告和管线综合技术要求调整管线布置，优化设备及管线空间排布，使其满足运输、安装、运行及维护检修的空间使用要求，输出车站各层综合管线、车站关键节点部位等的三维模型视图，辅助设计交底。

（6）预留预埋分析　根据管线综合后的施工图设计模型梳理墙、板以及二次结构的孔洞预留和预埋件布置，输出预留孔洞图纸（应包含形状、尺寸、位置等信息）和预埋件布置图纸（应包含类型、规格、位置等信息），实现预留孔洞和预埋件的提前检查，规避工期延误风险和质量隐患。

（7）精装修效果仿真与漫游　基于 BIM 模型对施工图设计中的精装修方案进行三维可视化仿真，对站台、出入口等重点公共区域创建精装修 BIM 模型，通过动画视频、VR 等技术手段进行虚拟漫游展示，可以直观呈现轨道交通工程整体布局及特色区域。

（8）车站管线综合出图　基于管线综合优化后的施工图 BIM 模型进行车站管线综合出图，导出各专业各系统平面图、管线综合平面图、管线综合剖面图、管线预留预埋洞口分析图以及综合支吊架布置图等各类图纸。通过 BIM 模型直观确定管线尺寸、空间定位、管线间距等参数，出具精确图纸指导实际施工。

（9）其他应用　利用施工图设计 BIM 模型开展建筑能耗分析、日照分析、结构计算分析、岩土工程分析、大型设备运输路径检查等其他应用。

4. 施工阶段

在施工阶段可以开展如下 BIM 工程实践应用：

（1）机电深化设计　利用深化设计模型，根据施工需要和规范要求对各系统的设备空间布置、墙面箱柜协调、支吊架设计及荷载验算等进行深化设计，利用深化设计模型输出管线排布、综合支吊架设计、设备机房布置等的三维模型视图，指导构件加工和现场安装，保障设备安装的材料节约、布置紧凑、使用方便和设计美观。

（2）精装修深化设计　利用深化设计模型，结合装修方案进行建筑和结构之间的影响分析、管线校核和标高控制，对各类设施的平衡进行检查，优化装修设计效果及空间位置关系，确保装修方案美观、合理、可行，利用深化设计模型输出建筑关键部位的三维模型视图，辅助论证装修方案、指导现场施工。

（3）土建深化设计　利用深化设计模型，获取穿墙点相关管线与桥架构件的尺寸、位置和高度等信息，截取开孔剖面，以表格形式输出包含孔洞编号、尺寸和高度等信息的孔洞清单，指导施工现场孔洞预留；利用深化设计模型在预埋件布置部位获取类型、规格、位置和高度等信息，截取包含尺寸标注的预留预埋布置图，指导施工现场预埋件布置，避免由于错、漏导致的管线拆改、封堵孔洞、重新开凿和重新埋设等，达到节约材料和工期的目的。

（4）关键、复杂节点工序模拟　通过运用 BIM 技术，在施工作业模型的基础上附加建造过程、施工顺序等信息，并充分利用建筑信息模型对方案进行分析和优化，提高方案审核的准确性。通过对施工全过程或关键过程进行模拟，以验证施工方案的可行性，以便指导施工和制定出最佳的施工方案，从而加强可控性管理，提高工程质量、保证施工安全。关键、复杂节点工序模拟可解决实际施工难点，在施工过程中进行模拟，择优选择最佳方案辅助决策，进行施工交底、施工模拟，提高施工质量，减少工程变更，从而保证施工进度。

（5）工程筹划模拟　利用深化设计模型对施工场地布置、周边环境及构筑物改迁、施工方案及施工资源配置进行动态模拟，优化施工方案，保证工程筹划的合理性。

（6）大型设备运输路径、检修模拟　基于施工图设计模型，针对大型设备进行运输路径及安装、检修方案模拟，检查运输路径方案并形成问题报告，说明运输过程的碰撞点位置、碰撞对象，指导运输方案的优化，输出可实施的大型设备运输路径模拟视频和运输路径图，指导施工阶段的设备运输和安装，并优化设计中存在的大型设备布置空间不足及运输路径碰撞的问题。

（7）施工场地布置模拟 通过施工现场所提供的存放建筑材料的位置和各建筑材料实际安装位置，在模型空间内进行全过程漫游模拟，找出工人施工最优路径和材料堆放最优位置，同时也配合参建方管理部门进行优化项目整体场地布置，结合项目周边环境在漫游过程中做出多种尝试，将运输线路、施工机械配备的位置等多种因素载入到漫游模型中，同时运作找出最优的场地布置方案，为后续项目施工做出合理布局。

（8）BIM项目动态管理 BIM项目动态管理是实现项目精细化管理和控制的重要环节，利用BIM模型将轨道交通工程项目资源需求计划信息化，有效提升项目进度、成本与质量等工程项目管理水平，实现精细化的资源动态管理、变更管理以及精细化材料计划管理。具体管理内容包括以下几项。

1）标准化管理。根据法律法规、企业标准化施工管理办法等，确定场地布置、工艺流程和质量控制等方面的标准化工作要求，创建包含临建、安全防护设施、施工机械设备、质量控制样板、质量通病等的标准化管理模型，对场地布置方案、施工工艺、施工流程、质量安全事故等进行模拟，开展施工交底、实施、管理及考核等标准化管理活动。

2）进度管理。根据施工组织设计和进度计划对深化设计模型进行完善，在模型中关联进度信息，形成满足进度管理需要的进度管理模型，利用BIM数据集成与管理平台进行进度信息上报、分析和预警管理，实现进度管理的可视化、精细化、便捷化。

3）质量管理。以深化设计模型为基础建立质量管理模型，根据质量验收标准和施工资料标准等确定质量验收计划，进行质量验收、质量问题处理和质量问题分析等工作，可利用移动互联网、物联网等信息技术将质量管理事件录入BIM数据集成与管理平台，建立工程质量信息与模型的关联关系，实现工程质量问题追溯和统计分析，辅助质量管理决策。

4）安全风险管理。以深化设计模型为基础，根据施工安全风险管理体系增加风险监测点模型和风险工程等信息，建立安全风险管理模型，利用BIM数据集成与管理平台建立环境模型与安全风险监测数据的关联关系，实现对施工安全风险的可视化动态管理。

5）重要部位和环节条件验收管理。根据轨道交通建设工程重要部位和环节施工前条件验收的具体实施办法和要求，利用BIM数据集成与管理平台查询施工过程模型的重要部位和环节的验收信息，快速获得验收所需准备工作及各项工作完成情况，提高条件验收工作沟通和实施的效率。

6）成本管理。以深化设计模型为基础，根据清单规范和消耗量定额要求创建成本管理模型，通过计算合同预算成本，结合进度定期进行三算对比、纠偏、成本核算、成本分析工作，可根据实际进度和质量验收情况，统计已完工程量信息、推送相关数据、输出报表等，辅助验工计价工作。

7）验收管理。根据现行国家标准、地方标准、行业标准的规定，单位工程预验收、单位工程验收、项目工程验收和竣工验收前，在施工过程模型中添加或关联验收所需工程资料，单位工程预验收、单位工程验收、项目工程验收和竣工验收时，利用模型快速查询和提取工程验收所需资料，通过对比工程实测数据来校核工程实体，提高验收工作效率。

（9）其他应用 基于施工阶段BIM模型开展钢结构深化设计、混凝土预制构件生产、钢结构构件加工、机电产品加工等其他应用。

5. 运维阶段

城市轨道交通工程竣工验收合格后，将各阶段验收形成的专项验收情况、设备系统联合调试数据、试运行数据等验收信息和资料附加或关联到模型中，形成竣工验收模型，分别向政府管理部门和运营单位移交。竣工验收模型及附加或关联的验收信息、资料和格式等应满足政府管理部门资料归档要求，支持线路运营维护。

9.3　市政桥梁

9.3.1　市政道桥构件分类

市政道桥工程指的是市政工程中涉及道路和桥梁的工程，包含道路、桥梁、隧道、涵洞、附属、防护结构以及地下管线等工程。本节主要内容为道路工程及桥梁工程的建模及模型深化，按照形式可分为道路工程、城市立交、梁式桥、拱式桥、斜拉桥、悬索桥等。

市政道桥构件按照构筑物类型及构件拆分分类如下。

1. 桥梁工程构件分类

桥梁工程模型及构件分类见表9-9。

表 9-9　桥梁工程模型及构件分类

序号	模型分类	模型组件	模型构件	模型单元	模型效果
1	梁式桥	上部构件	纵向构件	桥面板	（梁式桥） （上部构件） （下部构件）
				腹板	
				底板	
				加劲肋（钢桥）	
				上、下承托（混凝土桥）	
			横向构件	支点横梁	
				横隔梁	
				加劲肋（钢桥）	
				上、下承托（混凝土桥）	
			预应力系统	锚具	
				钢绞线	
				波纹管	

（续）

序号	模型分类	模型组件	模型构件	模型单元	模型效果
1	梁式桥	下部结构	支座垫石		 （预应力系统）
			盖梁 （含挡块）		
			墩柱		
			承台		
			桥台		
			桩基础		
		附属	铺装		 （桥面系统） （支座系统） （伸缩缝）
			栏杆 （混凝土）	栏杆基座	
				栏杆主体	
			伸缩缝	型钢 伸缩缝	
				模数式 伸缩缝	
				梳齿板 伸缩缝	
			支座系统	板式橡 胶支座	
				盆式支座	
				球形钢 支座	

（续）

序号	模型分类	模型组件	模型构件	模型单元	模型效果
2	拱式桥	拱肋	主拱肋		（拱式桥1） （拱式桥2）
			平联		
		加劲梁	主梁		
			横向联系梁		
			预应力系统	锚具	
				钢绞线	
				波纹管	
		吊杆	锚具		
			钢丝		
			保护罩		
		下部结构	支座垫石		（下部结构）
			盖梁（含挡块）		
			墩柱		
			承台		
			桥台		
			桩基础		
		附属	铺装	铺装	（防撞护栏）
			栏杆	栏杆基座（混凝土）	
				栏杆主体（混凝土）	
			伸缩缝	型钢伸缩缝	
				模数式伸缩缝	
				梳齿板伸缩缝	
			支座系统	板式橡胶支座	
				盆式支座	
				球形钢支座	

序号	模型分类	模型组件	模型构件	模型单元	模型效果
3	斜拉桥	主梁	主梁钢箱梁节段	桥面板	
				底板	
				腹板	
				加劲肋	
				横隔板	
				横梁	（钢箱梁节段）
			主梁钢锚箱	直接承压板	
				锚垫板	
				锚箱内加劲肋	
				锚箱外加劲肋	
				锚箱封板	（钢锚箱）
		主塔	塔柱		
			系梁		
			承台		
			桩基础		
		斜拉索	拉索索体		
			锚具		（主塔）
			锚管		
			保护罩		
		辅助墩	支座垫石		
			盖梁（含挡块）		（辅助墩）（过渡墩）
			墩柱		
			承台		
			桩基础		
		边墩	支座垫石		
			盖梁		
			墩柱		
			承台		
			桩基础		
		附属	铺装		
			栏杆（混凝土）	栏杆基座	
				栏杆主体	
			伸缩缝	型钢伸缩缝	（桥面附属）
				模数式伸缩缝	
				梳齿板伸缩缝	
			支座系统	板式橡胶支座	
				盆式支座	（支座系统）
				球形钢支座	

（续）

序号	模型分类	模型组件	模型构件	模型单元	模型效果
4	悬索桥	主梁	主梁钢箱梁节段	桥面板	（悬索桥） （主塔） （缆索系统） （锚锭） （边墩） （桥面护栏）
				底板	
				腹板	
				加劲肋	
				横隔板	
				横梁	
			主梁吊索钢锚箱	直接承压板	
				锚垫板	
				加劲肋	
		主塔	塔身		
			鞍座		
			塔座		
			承台		
			桩基础		
		缆索系统	主缆	主缆钢丝	
				缠绕钢丝	
			锚锭	外露部分	
				基础工程	
			吊杆	锚具	
				钢丝	
				保护罩	
			索夹	夹具	
				高强度螺栓	
		边墩	支座垫石		
			盖梁（含挡块）		
			墩柱		
			承台		
			桩基础		
		附属	铺装		
			栏杆（混凝土）	栏杆基座	
				栏杆主体	
			伸缩缝	型钢伸缩缝	
				模数式伸缩缝	
				梳齿板伸缩缝	
			支座系统	板式橡胶支座	
				盆式支座	
				球形钢支座	

2. 道路工程构件分类

道路工程模型及构件分类见表9-10。

表9-10 道路工程模型及构件分类

序号	模型分类	模型组件	模型构件	模型单元	模型效果
1	道路构件	路面	路面结构	面层	
				基层	
				垫层	
			附属物	绿化带	
				分隔带	
				拦水带	
				路缘石	
				缘石基础	
		路基	基础	路基	（路基）
				边坡	
				特殊路基处理	
			排水设施	边沟	
				排水沟	
				截水沟	
				跌水、急流槽	
				盲沟	
				渗沟	
				蓄水、蒸发池	
			支护	挡土墙	支护结构
				坡面防护	（支护）
				抗滑桩	
			其他	取、弃土场	
2		交通	安全设施	隔离护栏	
				防撞墩（构筑物）	
				阻车石	
				标线	
				声屏障	
				防眩板	
				道钉	
				轮廓标	（防撞墩）

（续）

序号	模型分类	模型组件	模型构件	模型单元	模型效果
3	排水构件	排水管线	排水管		（排水沟） （检查井）
			排水井		
			阀门		
		检查井			
		泵站			
		其他附属构筑物			
4	照明构件	照明	路灯（含基础）		（照明设备）
		设备	箱式变电站		
			接线井		
			穿线管		
	管线构件	地下管网			（地下管廊及管线）
		综合管廊			
5	景观构件	沿街设施	报刊亭		（树池） （垃圾箱）
			电话亭		
			充电桩		
			花坛		
			公共休息设施		
			广告牌		
			垃圾箱		
		绿化	绿化		
			树池	树坑板	

9.3.2 市政道桥构件深化

1. 市政道桥工程建模及深化基本原则

1）市政道桥工程 BIM 建模及深化推荐采用参数化建模方法，引入 Dynamo 的插件进行快速精准建模。

2）市政道桥工程 BIM 建模及深化应采用统一坐标系、高程系和度量单位。

3）市政道桥工程 BIM 建模及深化应包含工程项目所有几何信息和非几何信息。

4）市政道桥工程 BIM 建模及深化应满足表 9-11 的几何精度要求。

表 9-11　市政道桥工程 BIM 几何精度要求

序号	几何精度等级	简称	说明	模型深度
1	1 级精度	G1	满足二维化或者符号化识别需求的几何精度	具备基本外轮廓形状，粗略的尺寸和形状
2	2 级精度	G2	满足空间占位、主要颜色等粗略识别需求的几何精度	近似几何尺寸、形状和方向，能够反映物体本身大致的几何特性。主要外观尺寸不得变更，细部尺寸可调整
3	3 级精度	G3	满足建造安装流程、采购等精细识别需求的几何精度	物体主要组成部分必须在几何上表述准确，能够反映物体的实际外形，保证不会在施工模拟和碰撞检查中产生错误判断
4	4 级精度	G4	满足高精度渲染展示、产品管理、制造加工准备等高精度识别需求的几何精度	详细的模型实体，最终确定模型尺寸，能够根据该模型进行构件的加工制造

5）市政道桥工程 BIM 建模及模型深化精度应遵循表 9-12 的原则。

表 9-12　市政道桥工程 BIM 建模及模型深化精度原则

序号	工程类别	精度等级	建模内容	模型精度原则
1	桥梁工程	G1	1. 主桥或高架桥形式 2. 引桥或匝道及引道形式 3. 桥梁建筑及景观	1. 概念性表达高度、体型、位置、朝向等 2. 以基本几何体量表示
		G2	1. 主桥或高架桥的上部结构、下部结构、基础 2. 引桥或匝道工程的上部结构、下部结构、基础及附属结构的构造 3. 引道工程 4. 施工方案	1. 大致的尺寸、形状、位置和方向 2. 模型几何细度宜为 1m
		G3	1. 上部结构的细部 2. 墩柱、桥台及基础的细部和构造 3. 附属结构细部构造	1. 精确尺寸与位置 2. 模型几何细度宜为 0.3m
		G4	1. 预应力结构钢丝束表达、张拉次序 2. 特殊构件详细表达 3. 钢结构焊缝及连接详细表达	1. 实际尺寸与位置 2. 模型几何细度宜为 0.1m

（续）

序号	工程类别	精度等级	建模内容	模型精度原则
2	道路工程	G1	1. 路线（平、纵） 2. 路面（由路面结构及横断面组成） 3. 路基 4. 交叉口 5. 支挡防护 6. 绿化 7. 位于主线的桥涵、隧道	1. 概念性表达高度、体型、位置、朝向等 2. 构筑物模型几何细度宜为 1m 3. 地形等高距 5m 4. 地物轮廓模型几何细度 1m 5. 地物高程、埋深、净空类几何细度应精确至 0.1m
		G2	1. 路线（平、纵） 2. 路面（由路面结构及横断面组成） 3. 路基 4. 交叉口 5. 排水设施 6. 支挡防护 7. 交通设施 8. 照明设施 9. 绿化设施 10. 沿街设施 11. 位于主线的桥涵、隧道	1. 大致的尺寸、形状、位置和方向 2. 路基、交叉、绿化及沿街设施模型几何细度宜为 1m 3. 排水设施模型几何细度宜为 0.1m 4. 路面、支挡防护、交通及照明设施模型几何细度宜为 0.01m 5. 路线模型几何细度宜为 0.001m 6. 地形等高距 2.0m 7. 地物轮廓模型几何细度宜为 1m 8. 地物高程、埋深、净空类几何细度应精确至 0.1m
		G3	1. 路线（平、纵） 2. 路面（由路面结构及横断面组成） 3. 路基 4. 交叉口 5. 排水设施 6. 支挡防护 7. 交通设施 8. 照明设施 9. 绿化设施 10. 沿街设施 11. 位于主线的桥涵、隧道	1. 精确尺寸与位置 2. 路基、交叉及沿街设施模型几何细度宜为 0.1m 3. 路面、排水、支挡防护、交通、照明及绿化设施模型几何细度宜为 0.01m 4. 路线模型几何细度宜为 0.001m 5. 地形等高距 0.5~1m 6. 地物轮廓模型几何细度宜为 1m 7. 地物高程、埋深、净空类几何细度应精确至 0.1m
		G4	1. 交通设施细部构造 2. 照明设施细部构造	1. 实际尺寸与位置 2. 模型几何细度宜为 0.001m

6）市政道桥工程 BIM 建模及模型深化应满足表 9-13 的构件建模深度。

表 9-13　市政道桥工程 BIM 建模及模型构件深化深度

序号	工程类别	模型类别	模型构件	深化深度
1	桥梁工程	上部结构	梁式桥	模型体现梁类型、尺寸、空间关系、桥面板信息、支座信息、土工材料及用量、钢筋强度等级及用量等
			拱式桥	模型体现拱类型、拱顶标高、拱底标高、尺寸、横梁、纵梁、立柱、吊杆、系杆、拱脚、土工材料及用量、钢筋强度等级及用量等信息
			斜拉桥	模型体现斜拉索、塔柱段、桥塔系梁、钢锚箱、钢锚梁信息等
			悬索桥	模型体现缆、吊索、索夹、索鞍、锚碇、锚固体系等
		下部结构	台帽	模型体现桩号、尺寸、高程、混凝土强度等级及用量、钢筋强度等级及用量等
			台身	
			耳背墙	
			挡块	
			支座垫块	
			盖梁	
			墩柱	
			系梁	
		基础结构	扩大基础	模型体现中心桩号、顶面高程、尺寸、土工材料及用量、钢筋强度等级及用量、换填材料及用量、填挖方量、基础埋深等
			承台	
			桩	模型体现中心桩号、顶面高程、尺寸、土工材料及用量、钢筋强度等级及用量、承载力等
			地下连续墙	模型体现桩号、尺寸、土工材料及用量、钢筋强度等级及用量、挖土方量、承载力等
			沉井基础	模型体现中心桩号、顶面高程、尺寸、混凝土强度等级及用量、钢筋强度等级及用量、钢材型号及用量、挖土方量、承载力等
			沉箱基础	
		附属结构	桥面铺装	模型体现尺寸、铺装材料及用量、防水材料及用量、土工材料及用量、钢筋强度等级及用量等
			阻尼器	模型体现桩号、规格型号、阻尼系数等
			防撞护栏	模型体现桩号、尺寸、土工材料及用量、钢筋强度等级及用量等
			桥头搭板	模型体现尺寸、土工材料及用量、钢筋强度等级及用量等
			伸缩缝	模型体现桩号、尺寸、类型、伸缩量、规格型号等
			锥坡	模型体现尺寸、填土方量、土工材料及用量等
			防落装置	模型体现桩号、拉力等
		安全设施	交通标志	模型体现桩号、位置、版面尺寸、标志类型、支撑形式、标志内容、面板材料等
			交通标线	模型体现桩号、位置、类型、线型、尺寸等
			护栏	模型体现桩号、位置、防护等级、构造形式、波形梁板形式等
			视线诱导设施	模型体现桩号、位置、构造形式、设施类型、结构形式、反光形式、设置间距等

（续）

序号	工程类别	模型类别	模型构件	深化深度
1	桥梁工程	安全设施	防落网	模型体现桩号、位置、类型、构造形式、网型等
			声屏障	模型体现桩号、位置、尺寸、类型、混凝土强度等级及用量、涂层要求等
			防眩设施	模型体现桩号、位置、构造形式、设施类型、设置间距等
			其他设施	模型体现桩号、位置、构造形式、设施类型等
		机电设施	通用设施	模型体现设施尺寸、空间位置、规格型号以及主要技术参数
			监控设施	
			收费设施	
			通信设施	
			供配电设施	
			照明设施	
			通风设施	
			消防设施	
2	道路工程	防护工程	边坡防护	模型体现桩号、尺寸、位置、边坡类型、级数、填挖方量、土工材料及用量等
			挡土墙防护	模型体现桩号、尺寸、位置、挡土墙类型、土工材料及用量、钢筋强度等级及用量等
			抗滑桩	模型体现桩号、尺寸、位置、桩间距、滑坡推力、抗滑力、混凝土强度等级及用量、钢筋强度等级及用量、填挖方量、地基承载力等
			边坡锚固	模型体现桩号、尺寸、位置、边坡类型、边坡级数、混凝土强度等级及用量、注浆强度等级及用量、锚杆材料及用量、挖土方量等
			土钉支护	模型体现桩号、尺寸、位置、边坡类型、边坡级数、混凝土强度等级及用量、注浆强度等级及用量、土钉钢筋强度等级及用量、挖土方量等
		排水工程	沟	模型体现桩号、尺寸、位置、材料及用量、挖土方量等
			管	
			槽	
			井	
			池	
			拦水带	
			其他排水工程	
		路面工程	面层	模型体现桩号、尺寸、横坡、材料及用量等
			基层	
			底基层	
			垫层	
			其余层	
			路缘石	
			培路肩	
			中央分隔带填土	
			其他	

（续）

序号	工程类别	模型类别	模型构件	深化深度
2	道路工程	安全设施	交通标志	模型体现桩号、位置、版面尺寸、标志类型、支撑形式、标志内容、面板材料等
			交通标线	模型体现桩号、位置、类型、线型、尺寸等
			护栏	模型体现桩号、位置、防护等级、构造形式、波形梁板形式等
			视线诱导设施	模型体现桩号、位置、构造形式、设施类型、结构形式、反光形式、设置间距等
			防落网	模型体现桩号、位置、类型、构造形式、网型等
			声屏障	模型体现桩号、位置、尺寸、类型、混凝土强度等级及用量、涂层要求等
			防眩设施	模型体现桩号、位置、构造形式、设施类型、设置间距等
			其他设施	模型体现桩号、位置、构造形式、设施类型等
		机电设施	通用设施	模型体现设施尺寸、空间位置、规格型号以及主要技术参数
			监控设施	
			收费设施	
			通信设施	
			供配电设施	
			照明设施	
			通风设施	
			消防设施	

7）市政桥梁工程 BIM 模型及深化过程中需对模型进行拆分，明确了功能和结构体系后，可以根据"座、联、跨、节段"对桥梁结构进行拆分，拆分原则如下。

①座：一般以路桥分界线（一般是桥台）确定一座桥梁的范围；但对于立交桥和高架桥来说，还应根据道路路线的划分（如主线、匝道）在桥梁结构伸缩缝将桥进一步拆分，如主线高架桥、N 匝道桥、ES 匝道桥等；当桥梁出现分幅布置时，如果路线信息和桥梁分跨、结构体系等完全相同，可以不再区分，否则可以进一步拆分如东幅桥、南线桥等。

②联：以伸缩装置为界，将一座桥拆分为若干联。

③跨：以墩台位置将一联桥拆分为若干跨，一联桥可以是单跨的，也可以是多跨的。

④节段：一跨桥梁中的桥梁结构，根据施工方法的不同，有时候需要分成若干节段，例如上部结构箱梁当采用悬臂浇筑拼装法时，可以分成多个梁体节段；桥墩当采用预制拼装技术时，立柱或盖梁也可以分成多个预制节段。

通常，桥梁结构模型应按照"座"和"联"进行拆分，是否需要按照"跨"和"节段"进行拆分，应根据道路总体信息、结构类型、施工方法、设计阶段等决定。

8）市政道路工程一般 BIM 模型及深化过程中需对模型进行拆分，拆分原则如下：

①尽量与工程量划分习惯及计量规则相适应。

②利用信息和模型的依附条件和关系，以方便信息表达和在各阶段传递有效为原则。

③根据工程专业分工进行拆分。

④按构造物的功能属性或结构特点进行拆分。

⑤按工程主体及附属的层级划分关系进行拆分。

⑥按材料类型、力学性质、施工工法的区别进行拆分。

⑦按用途进行拆分。

9.3.3 工程实践应用

BIM 技术在市政道桥工程的实践应用有以下几项。

(1) BIM 模型创建 基于市政道桥工程设计数据进行三维 BIM 模型创建，利用基础设计资料实现桥梁、路基、路面、桥涵、互通立交以及附属设施等工程的快速精确建模。利用 Dynamo 等软件进行参数化 BIM 模型创建，通过对参数进行更改，驱动三维模型自动发生更改，大幅提高三维建模效率，并提高模型的复用性，在模型中可以通过剖切生成不同角度视图，并进行标注出图。针对复杂混凝土结构、钢结构或者预应力系统，利用参数化建模可以快速进行方案设计及验证，实现复杂结构的三维正向设计。建模过程中建立道路桥梁工程三维参数化构件模型库，通过参数化、模块化的方式组建整体 BIM 模型，大幅提高建模效率及准确率。

(2) 虚拟漫游展示 通过虚拟漫游动画、AR、VR 等形式对道桥工程进行虚拟展示，进行方案细节的三维可视化分析及优化，满足整体功能及美学要求。

(3) BIM 辅助场地勘测 在道桥工程所在位置利用无人机倾斜摄影航拍项目现场，并进行实景建模，采集三维可视化的工程场地现状数据，形成精确详细的三维模型，加快前期道桥工程方案设计流程，辅助设计决策。利用无人机可以获得三维实景模型以及三维地形曲面模型，在此基础上还可以利用无人机搭载的激光雷达高精度测绘仪器获得测绘精度的地形数据，创建高精度 DEM 地形模型，实现快速、准确测量，解决传统测绘采样点不足的问题，大幅降低测绘成本，提高测绘效率。同时通过对地质勘查数据进行三维可视化呈现，可以实现道桥工程不同要素的三维地层结构、三维物探、三维岩土参数概念模型和可视化表达，并基于三维可视化地质模型进行路基、路面、隧道、基础以及边坡设计，提高设计方案可靠性与合理性。在地质三维模型中通过调整特殊部位地质剖面即可实现三维模型的调整，实现二三维联动设计。针对道桥工程中的隧道部分，基于三维地质模型可以查看构筑物与地层之间的关系、确定隧道围岩等级，并基于地质模型进行隧道结构设计及出图。

(4) BIM 辅助方案设计 将道路桥梁 BIM 模型进行整合，包括但不限于桥梁模型、道路模型、建筑物模型、构筑物模型、交通工程模型以及实景模型等。通过对整合后的三维 BIM 模型进行方案设计优化，包括但不限于道路用地分析，即对工程项目与周边建筑物的空间位置分析查找相关碰撞点，分析征地拆迁影响范围；通过 BIM 模型三维可视化，综合考虑工程、环境以及社会影响等因素，通过对不同设计方案的三维可视化模拟及对比，可以择优选择最佳的设计方案，并通过三维可视化模型大幅提高设计沟通效率以及准确度。

(5) BIM 辅助详细设计 通过三维可视化 BIM 模型，对道路桥梁进行详细设计分析，包括但不限于道路和高大边坡设计以及隧道、桥梁预应力钢丝束等控制性工程设计。同时可以利用 BIM 模型进行相关专业详细设计和出图，并基于 BIM 模型统计工程材料用量。针对复杂结构位置，通过 BIM 详细设计可以发现碰撞以及净高不足等问题，并基于三维模型进行协同设计。最终通过 BIM 详细设计实现 BIM 出图，直接导出施工图，指导现场实际施工。

（6）交通仿真模拟　通过将道桥工程 BIM 模型导入 VISSIM 以及 LumenRT 等交通仿真模拟及分析软件，可以对工程未来的车流、人流等交通情况进行分析模拟，通过录入数据实现交通预测和可视化仿真，分析未来的交通流量，从而规划工程未来的交通组织与解决方案。通过交通仿真可视化分析，可以直观展示交通分析结果，为交通组织方案决策提供数据支撑。

（7）轻量化平台应用　依托轻量化 BIM 平台，可以实现道桥工程的模型上传及展示，在平台上将工程项目建设相关数据上传并与对应模型构件关联，可以实现工程项目建设全过程的资料管理及信息共享，实现项目数据快速检索。利用轻量化 BIM 平台的多端展示能力，可以实现在手机、平板以及网页端的 BIM 模型浏览及信息查询，大大提高 BIM 模型应用效率，降低模型软硬件需求。

（8）BIM 辅助加工制造　基于精细化的道路桥梁 BIM 模型，可自动生成钢结构、预应力钢丝束、钢筋等构件的深化设计详图（包括但不限于平面布置图、零件大样图、构件大样图以及节段详图等），以及构件加工工程量清单，用于指导构件下料及加工制造。基于 BIM 三维模型可以输出数控文件，根据实际生产工艺需求，实现 BIM 设计与工艺的有机结合和衔接。

（9）BIM 模拟安装　道路桥梁工程涉及大量预制拼装施工，基于 BIM 模型可以对预制混凝土结构、钢结构等进行拆分及整合，模拟工程构件堆放、运输、吊装等安装全流程，实现安装方案验证。如钢结构的焊接拼装，根据 BIM 三维模型及生成的钢结构详图进行分片装配焊接，搭设分段胎架进行分段组装焊接、打磨、探伤检测和相关测试试验，最终整体拼装。

（10）基于 BIM 的建设项目管理平台　基于施工图 BIM 模型搭建基于 BIM 的工程信息管理平台，通过研发打通与施工建设管理平台间的数据通道，配合项目建设管理。将 BIM 模型的信息数据运用于建设期管理过程中，包括但不限于合同管理、招标投标管理、资金管理、进度管理、质量管理、成本管理、安全管理以及环境管理。项目建设全过程基于 BIM 建设项目管理平台集成项目所有设计、施工数据，在项目竣工交付后形成 1:1 数字孪生模型，实现设计成果的数字化交付。

9.4　练习与思考题

1. 根据《预制混凝土剪力墙外墙板》（15G365-1）创建 WQC1-3328-1514 预制混凝土剪力墙外墙板模型。

要求：查找图集对应构件并完成构件建模，建模内容包括但不限于混凝土墙板、保温、钢筋、预埋件、线盒等图集包含的所有构件，模型完成后可导出与图集一致的三维视图以及工程量表。

2. BIM 技术在装配式建筑、轨道交通和市政桥梁工程中的应用点分别有哪些？

3. 装配式建筑模型深化的步骤有哪些？

4. 轨道交通和市政桥梁构件深化原则有哪些？

5. 利用 Revit 创建钢筋模型后，如何输出包含准确钢筋型号、长度以及质量的钢筋明细表？

第10章 碰撞检查与管线综合

10.1 碰撞类型与碰撞检查

10.1.1 碰撞类型

碰撞可分为硬碰撞、软碰撞和间隙碰撞 3 种类型。

（1）硬碰撞 两实体对象在空间上存在交集称为硬碰撞。如果各专业在设计阶段没有做好彼此之间的沟通或者约定，就可能会产生在建筑构件与管线之间或者不同专业管线之间的硬碰撞。

（2）软碰撞 软碰撞在一定的范围内是允许的，软碰撞是指两个对象在空间上有交集，也就是发生了碰撞。在一些基础工程中通过碰撞检查控制实现对象之间的软碰撞。

（3）间隙碰撞 间隙碰撞是当两实体的距离小于规定间距，在空间上虽然没有交集，但被认为两者产生了间隙碰撞。

10.1.2 碰撞检查

BIM 模型碰撞检查问题是 BIM 应用的技术难点，碰撞检查也是 BIM 技术最易实现、最直观和最易产生价值的功能之一。碰撞检查是指在计算机中提前检测工程项目中各不同专业

（结构、暖通、消防、给水排水和电气桥架等）在空间上的碰撞冲突。

当前，不同专业的人员使用各自建模软件来建立与自己专业相关的 BIM 模型，而这些模型需在同一个环境里面集成起来，才能完成整个项目的设计、分析及模拟，但这些不同专业建模软件本身无法实现模型的碰撞检查。并且对大型项目而言，因硬件限制而使 BIM 核心建模软件往往无法在一个文件里操作整个项目模型，但又必须把这些分开创建的局部模型整合在一起，进而才能研究整个项目的设计、施工及其运营状态。因此，利用 BIM 软件将二维图纸转换成三维模型的过程，不但是个校正的过程，实际上也是模拟施工的过程，在图纸中隐藏的空间问题可以轻松暴露出来，解决工程中"错、漏、碰、缺"的问题。这样的一个精细化的设计过程，能够提高设计质量，减少设计人员现场服务的时间。

常见的碰撞检查软件有 Autodesk Revit、Autodesk Navisworks、Luban iWorks、Bentley Projectwise Navigator 和 Solibri Model Checker。碰撞检查技术的使用范围可包括：

（1）深化设计阶段　在该阶段，利用 BIM 碰撞检查技术，设计师可结合施工现场的实际情况和施工工艺进行模拟，对设计方案进行完善。

（2）施工方案调整　设计师可将碰撞检查结果的可视化模拟展示给建设方、监理方和分包方，在综合各方意见的基础上进行相关方案的调整。

10.2　管线综合流程

BIM 正向设计模式不仅将各机电专业的设备、管线和系统等放在一个模型里，同时也通过链接把所有专业、专项模型集成到一个整体模型中，随着设计的推进，解决专业协调问题的同时，分阶段进行不同程度的管线综合，最终实现净高控制、支吊架预留空间控制或布置，同时导出管线综合设计的相关图纸。

管线综合设计的流程大致分为初步设计与施工图设计两个阶段。

10.2.1　初步设计阶段管线综合设计流程

初步设计阶段，基于各专业 BIM 设计模型进行初步管线综合设计，流程如下：

1）以机电专业 Revit 文件为主题，链接其他建筑、结构和幕墙等模型文件，全部打开显示。

2）各楼层设定管线综合专用的建模和出图视图。

3）分楼层进行主管管线的综合调整，重点确定主管线路以及标高。

4）竖向管井综合调整。

5）楼层内干管管线综合调整。

6）设备房内设备和管线布置。

7）建筑空间净高校核优化、全专业综合协调优化。

8）校审后导出楼层净高分析图、管井和主要设备房分析图。

初步设计阶段管线综合设计流程如图 10-1 所示。

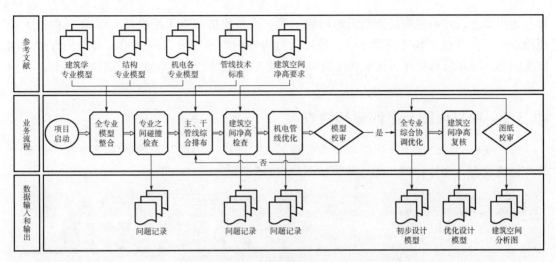

图 10-1　初步设计阶段管线综合设计流程

10.2.2　施工图设计阶段管线综合设计流程

施工图设计阶段的 BIM 正向设计管线综合流程：

1）在初步设计管线综合基础上，优化楼层主管和竖向管井的综合调整。

2）楼层支管、末端综合调整和连接。

3）结构和建筑专业预留、预埋 BIM 开洞协调。

4）支吊架布置或预留设置。

5）校审确定满足要求后导出管线综合平面图、剖面图和预留、预埋施工图。

施工图设计阶段管线综合设计流程如图 10-2 所示。

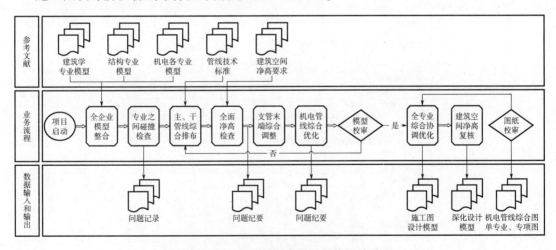

图 10-2　施工图设计阶段管线综合设计流程

10.3　基于 Revit 的碰撞检查

Revit 不仅提供了操作简单的自由形式建模与参数化设计工具，且能以互动方式进行塑形，运用概念设计与说明复杂塑形的内建工具，准备建造与施工用模型。Revit 还提供了碰撞检查模块，当建立 BIM 模型之后，通过运行碰撞检查不仅可以解决错综复杂的管道之间碰撞问题、深化管道设计，还能通过检查与不同专业模型之间的碰撞，提前预留孔洞，并指导施工。

10.3.1 项目内图元之间碰撞检查

打开项目文件"地下一层给水排水模型.rvt"选择"协作"选项卡中"坐标"面板下的"碰撞检查"命令中的"运行碰撞检查"，具体位置如图 10-3 所示。

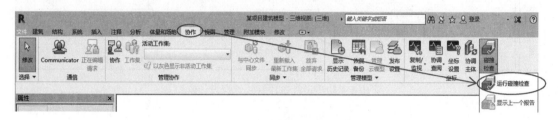

图 10-3　碰撞检查命令界面

在弹出的"碰撞检查"对话框中的左右两侧的"类别来自"下拉菜单选择所需要进行碰撞检查的系统，选择相同的系统进行项目内图元之间的碰撞检查。将所需要检查的构件全部都勾选，可以使用"全选""全部不选"和"反选"这三个按钮进行快速选择。

单击"碰撞检查"对话框中的"确定"按钮，弹出如图 10-4 所示的"冲突报告"对话框，框中除显示"成组条件""创建时间"等信息外，重点描述了发生冲突的图元对象类别、图元类型及其 ID 号，例如"机械设备：人防手摇泵-管道泵-单头：100mm-60m-2 极-标记 11：ID 776423"。

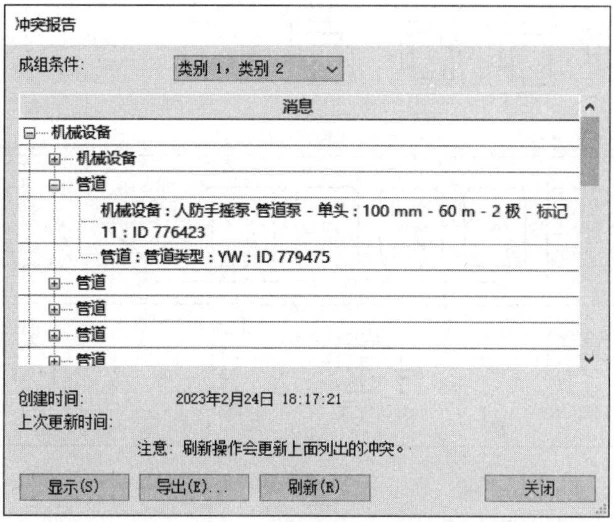

图 10-4　"冲突报告"对话框

单击对话框"导出"按钮，系统将检查结果以".html"的文件格式保存。导出的冲突报告如图 10-5 所示，在冲突报告中会描述发生冲突的图元对象类别、图元类型及其 ID 号。

冲突报告

冲突报告项目文件: C:\Users\dell\Desktop\某项目BIM模型\某建设项目机械系统.rvt
创建时间: 2023年2月22日 21:19:54
上次更新时间:

	A	B
1	电缆桥架: 带配件的电缆桥架: 14-50.50.03 桥架_非消防强电线槽: ID 1286791	墙: 基本墙: 14-10.20.03.03 建筑内墙_NQ1_200mm: ID 1691712
2	电缆桥架: 带配件的电缆桥架: 14-50.50.03 桥架_非消防强电线槽: ID 1287444	常规模型: ZM1: 14-20.20.24 柱帽_ZM1: ID 1685979
3	电缆桥架: 带配件的电缆桥架: 14-50.50.03 桥架_非消防强电线槽: ID 1287929	管道: 管道类型: 14-40.30.27 喷淋管道_ZP: ID 1441174
4	电缆桥架: 带配件的电缆桥架: 14-50.50.03 桥架_非消防强电线槽: ID 1287950	管道: 管道类型: 14-40.30.27 喷淋管道_ZP: ID 1441174
5	电缆桥架: 带配件的电缆桥架: 14-50.50.03 桥架_非消防强电线槽: ID 1287950	墙: 基本墙: 14-10.20.03.03 建筑内墙_NQ1_200mm: ID 1693188
6	电缆桥架: 带配件的电缆桥架: 14-50.50.03 桥架_非消防强电线槽: ID 1287963	管道: 管道类型: 14-40.30.27 喷淋管道_ZP: ID 1441174
7	电缆桥架: 带配件的电缆桥架: 14-50.50.03 桥架_非消防强电线槽: ID 1287963	墙: 基本墙: 14-10.20.03.03 建筑内墙_NQ1_200mm: ID 1693188
8	电缆桥架: 带配件的电缆桥架: 14-50.50.03 桥架_非消防强电线槽: ID 1288068	常规模型: ZM1: 14-20.20.24 柱帽_ZM1: ID 1685989
9	电缆桥架: 带配件的电缆桥架: 14-50.50.03 桥架_非消防强电线槽: ID 1288135	常规模型: ZM1: 14-20.20.24 柱帽_ZM1: ID 1685985
10	电缆桥架: 带配件的电缆桥架: 14-50.50.03 桥架_非消防强电线槽: ID 1288165	墙: 基本墙: 14-10.20.03.03 建筑内墙_NQ1_200mm: ID 1691697
11	电缆桥架配件: 槽式电缆桥架水平三通: 14-50.50.09 非消防强电-槽式电缆桥架水平三通: ID 1288253	电缆桥架: 带配件的电缆桥架: 14-50.50.03 桥架_消防强电线槽: ID 1775947
12	电缆桥架: 带配件的电缆桥架: 14-50.50.03 桥架_非消防强电线槽: ID 1288253	电缆桥架配件: 槽式电缆桥架垂直等径上弯通: 14-50.50.03 桥架_标准: ID 1775948
13	电缆桥架: 带配件的电缆桥架: 14-50.50.03 桥架_非消防强电线槽: ID 1288284	墙: 基本墙: 14-10.20.03.03 建筑内墙_NQ1_200mm: ID 1289794
14	电缆桥架: 带配件的电缆桥架: 14-50.50.03 桥架_非消防强电线槽: ID 1288297	常规模型: ZM1: 14-20.20.24 柱帽_ZM1: ID 1686012
15	电缆桥架: 带配件的电缆桥架: 14-50.50.03 桥架_非消防强电线槽: ID 1288339	常规模型: ZM1: 14-20.20.24 柱帽_ZM1: ID 1686020
16	电缆桥架: 带配件的电缆桥架: 14-50.50.03 桥架_非消防强电线槽: ID 1288508	常规模型: ZM1: 14-20.20.24 柱帽_ZM1: ID 1686028
17	电缆桥架配件: 槽式电缆桥架水平三通: 14-50.50.09 非消防强电-槽式电缆桥架水平三通: ID 1288514	电缆桥架: 带配件的电缆桥架: 14-50.50.03 桥架_非消防强电线槽: ID 1289849
18	电缆桥架: 带配件的电缆桥架: 14-50.50.03 桥架_非消防强电线槽: ID 1288540	墙: 基本墙: 14-10.20.03.03 建筑内墙_NQ1_200mm: ID 1691702
19	电缆桥架: 带配件的电缆桥架: 14-50.50.03 桥架_非消防强电线槽: ID 1288557	常规模型: ZM1: 14-20.20.24 柱帽_ZM1: ID 1686003
20	电缆桥架: 带配件的电缆桥架: 14-50.50.03 桥架_弱电线槽: ID 1288726	墙: 基本墙: 14-10.20.03.03 建筑内墙_NQ1_200mm: ID 1691712
21	电缆桥架配件: 槽式电缆桥架水平三通: 14-50.50.09 弱电-槽式电缆桥架水平三通: ID 1288965	常规模型: ZM1: 14-20.20.24 柱帽_ZM1: ID 1685979
22	电缆桥架: 带配件的电缆桥架: 14-50.50.03 桥架_弱电线槽: ID 1289033	墙: 基本墙: 14-10.20.03.03 建筑内墙_NQ1_200mm: ID 1691702
23	电缆桥架: 带配件的电缆桥架: 14-50.50.03 桥架_弱电线槽: ID 1289130	墙: 基本墙: 14-10.20.03.03 建筑内墙_NQ1_200mm: ID 1691697
24	电缆桥架: 带配件的电缆桥架: 14-50.50.03 桥架_弱电线槽: ID 1289179	墙: 基本墙: 14-10.20.03.03 建筑内墙_NQ1_200mm: ID 1693188
25	电缆桥架: 带配件的电缆桥架: 14-50.50.03 桥架_弱电线槽: ID 1289199	常规模型: ZM1: 14-20.20.24 柱帽_ZM1: ID 1686037
26	电缆桥架: 带配件的电缆桥架: 14-50.50.03 桥架_弱电线槽: ID 1289199	墙: 基本墙: 14-10.20.03.03 建筑内墙_NQ1_200mm: ID 1691706
27	电缆桥架配件: 槽式电缆桥架水平三通: 14-50.50.09 弱电-槽式电缆桥架水平三通: ID 1289207	常规模型: ZM1: 14-20.20.24 柱帽_ZM1: ID 1686037
28	电缆桥架配件: 槽式电缆桥架水平三通: 14-50.50.09 弱电-槽式电缆桥架水平三通: ID 1289207	墙: 基本墙: 14-10.20.03.03 建筑内墙_NQ1_200mm: ID 1693188
29	电缆桥架: 带配件的电缆桥架: 14-50.50.03 桥架_消防强电线槽: ID 1289262	管道: 管道类型: 14-40.30.27 喷淋管道_ZP: ID 1441258

图 10-5 ".html" 格式的冲突报告

10.3.2 项目内图元与链接模型图元之间碰撞检查

选择"插入"选项卡中的"链接"面板下的"链接 Revit"命令，在弹出的"导入/链接 RVT"面板中，选择"地下一层暖通模型.rvt"并单击打开按钮，如图 10-6 所示，完成模型的链接，链接成果如图 10-7 所示。

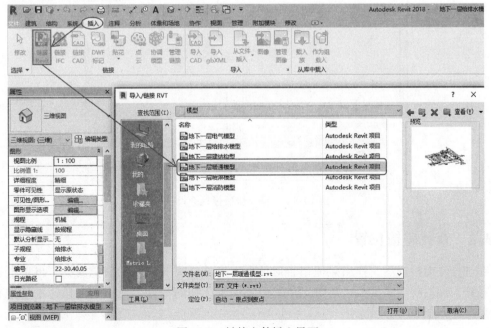

图 10-6 链接文件插入界面

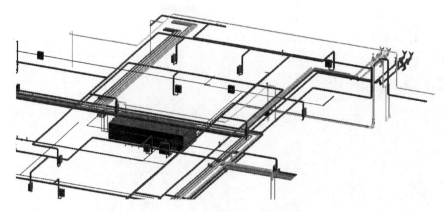

图 10-7 链接文件插入后效果图

在弹出的"碰撞检查"对话框中的左右两侧的"类别来自"下拉菜单选择所需进行碰撞检查的系统，分别选择"当前项目"与"地下一层暖通模型.rvt"进行项目内图元与链接模型图元之间的碰撞检查，将所需要检查的构件全部勾选，可以使用"全选""全部不选"和"反选"这三个按钮进行快速选择，如图 10-8 所示。

图 10-8 不同系统碰撞检查设置

10.3.3 查找碰撞位置

在进行碰撞检查后，弹出碰撞报告对话框，先选择需要显示的碰撞对象，再单击"显示"按钮，此时将会自动放大视图，并高亮显示所选择的构件，使用户能快速准确地找到碰撞位置，如图 10-9 所示。

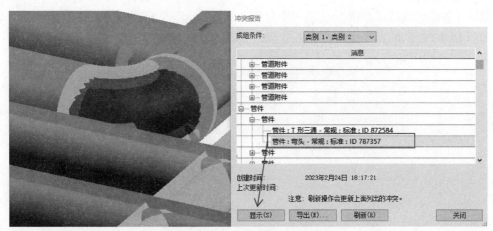

图 10-9　在三维视图中的碰撞位置

再次单击"显示"按钮，会切换到其他视图中显示碰撞位置。当前所打开的视图都显示之后，会弹出如图 10-10 所示的对话框。单击"确定"按钮后，会打开其他视图并注意显示碰撞位置。例如立面图中的显示效果，如图 10-11 所示。

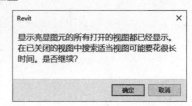

图 10-10　碰撞显示对话框

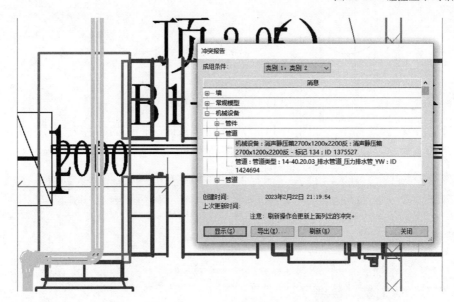

图 10-11　立面图碰撞位置显示效果

单击"碰撞检查"对话框中的"确定"按钮，弹出"冲突报告"对话框，单击对话框中的"导出"按钮，系统将检查结果以".html"的文件格式保存。

10.3.4　碰撞修订

单击"碰撞检查"右侧箭头，选择其中"显示上一个报告"命令，重新弹出"冲突报告"对话框。然后，在"注释"选项卡的"详图"面板中单击"云线批注"命令，在随后

的"修改 | 创建云线批注草图"选项卡中（图 10-12）单击"矩形"命令，在冲突管件附近绘制如图 10-13 所示的云线批注并单击"完成编辑模式"按钮。

图 10-12 "修改 | 创建云线批注草图"选项卡中的"矩形"命令

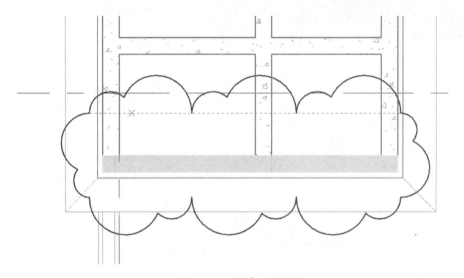

图 10-13 创建云线批注

选择已完成的云线批注，如图 10-14 所示修改"修订"栏中的内容为"序列 1 – 修订 1"（意为本次检查内容是在项目"一次提资"阶段所发现的问题）。

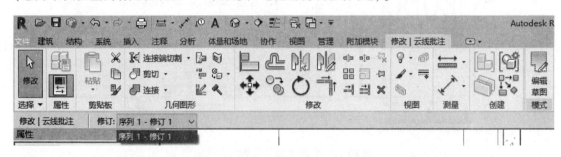

图 10-14 "修改 | 云线批注"选项卡中的"修订"版本设置

如图 10-15 所示，单击菜单"视图"下"图纸组合"选项卡中的"修订"命令，打开如图 10-16 所示的"图纸发布/修订"对话框，其中显示了项目中已修订的编号、日期和说明是否发布等信息。将对话框中序列 1

图 10-15 "图纸组合"选项卡中的"修订"命令

的"已发布"选项勾选"√",并退出对话框。

图 10-16 "图纸发布/修订"对话框

重新启动 Revit 软件并打开项目文件,如图 10-17 所示,在"管理"菜单的"查询"选项卡中单击"按 ID 号选择"命令,弹出如图 10-18 所示的"按 ID 号选择图元"对话框,输入碰撞图元 ID 并确定,重新选择合适的管件的尺寸,完成后保存修改文件。

打开项目文件,选择"插入"菜单中"链接"选项卡里的"管理链接"命令,打开"管理链接"对话框,单击其中的"重新载入"按钮并确定,即可完成修订。

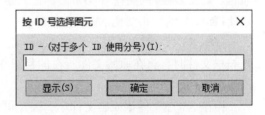

图 10-17 "查询"选项卡中单击"按 ID 号选择"命令　　图 10-18 "按 ID 号选择图元"对话框

重复上述操作,对修订后的项目进行碰撞检查,如果弹出如图 10-19 所示的对话框,说明此时已完成所有冲突的修订。

图 10-19 "未检测到冲突!"提示对话框

使用 Revit 中的"链接模型"和"碰撞检查",可以找出项目模型里类型图之间的无效交点,方便设计师们在设计过程中及时发现因专业配合产生的结构碰撞或遗漏问题,并降低建筑变更及成本超限的风险。但由于 Revit 中的三维动态观察或者漫游对机器的配置要求会非常高,所以该方法对于大型建筑项目的展示效果并不理想,设计师们通常会选用更为专业的其他软件进行碰撞检查。

10.4　基于 Navisworks 的碰撞检查

Autodesk 公司的 Navisworks 软件是一款基于 Revit 平台的第三方设计软件,适用于在各建筑设计中进行更为直观的 3D 漫游、模型合并和碰撞检查,帮助设计师及其扩展团队加强对项目的控制,提高工作效率,保证工程质量。其中碰撞检查的命令为"Clash Detective(冲突检测)",用于完成三维场景中所指定的任意两个选择集合中的图元间的碰撞和碰撞检查。Navisworks 将根据指定的条件,自动找到干涉碰撞的空间位置,并允许用户对碰撞的结果进行管理。

10.4.1　Navisworks 文件准备

Autodesk Navisworks 有三种原生文件格式:NWD、NWF 和 NWC。

(1) NWD　NWD 文件包含所有模型几何图形以及特定于 Autodesk Navisworks 的数据,如审阅标记。可以将 NWD 文件看作是模型当前状态的快照。NWD 文件非常小,因为它们将 CAD 数据最大压缩为原始大小的 80%。

(2) NWF　NWF 文件包含指向原始原生文件(在"选择树"上列出)以及特定于 Autodesk Navisworks 的数据(如审阅标记)的链接。此文件格式不会保存任何模型几何图形,这使得 NWF 的大小要比 NWD 小很多。

(3) NWC　默认情况下,在 Autodesk Navisworks 中打开或附加任何原生 CAD 文件或激光扫描文件时,将在原始文件所在的目录中创建一个与原始文件同名但文件扩展名为 .nwc 的缓存文件。

由于 NWC 文件比原始文件小,因此可以加快对常用文件的访问速度。下次在 Autodesk Navisworks 中打开或附加文件时,将从相应的缓存文件(如果该文件比原始文件新)中读取数据。如果缓存文件较旧(这意味着原始文件已更改),Autodesk Navisworks 将转换已更新文件,并为其创建一个新的缓存文件。

在安装 Revit 后安装 Navisworks,会在 Revit 软件添加一个外部工具,如图 10-20 所示。

图 10-20　外部工具界面

单击"附加模块"选项卡下"外部工具"的下拉按钮，选择"Navisworks"命令并单击，打开"导出场景为"对话框，设置保存类型为"∗.nwc"，单击"保存"，导出 NWC 文件，如图 10-21 所示。

图 10-21　NWC 文件导出界面

运行 Navisworks，单击"文件"，在下拉选项中单击"打开"，在自动弹出的"打开"对话框中，选择需要载入的文件（按住 Ctrl 键，可一次选择多个文件）。当再次加载文件时，有"附加"和"合并"两种方法，"附加"会同时保留不同文件中模型相同的部分，"合并"则只保留一个文件中相同的部分。完成选择后，单击"打开"完成文件的载入，如图 10-22 所示。

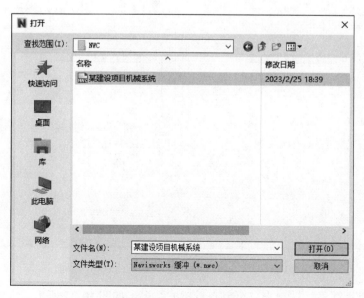

图 10-22　"打开"界面

10.4.2 Navisworks 碰撞检查

与 Revit 相比较，Navisworks 的碰撞检查功能更为强大。Navisworks 不仅能检查硬碰撞，还能检查软碰撞和间隙碰撞。

单击"常用"选项卡下"Clash Detective"工具，具体位置如图 10-23 所示。

图 10-23　"常用"选项卡下"Clash Detective"工具位置

单击"Clash Detective"工具面板，弹出"Clash Detective"对话框，如图 10-24 所示。单击"添加检测"，添加"测试 1"，选择"硬碰撞"，设置公差"0.001m"，勾选"复合对象碰撞"，并选中左右框中的要进行碰撞检查的".nwc"文件。单击"运行检测"即开始碰撞检查。

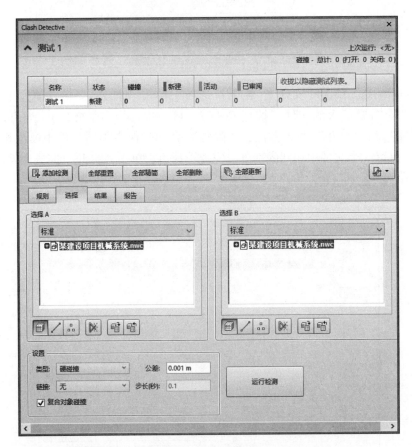

图 10-24　"Clash Detective"对话框"选择"界面

单击切换到"结果"选项卡，可以查看碰撞结果，如图 10-25 所示。

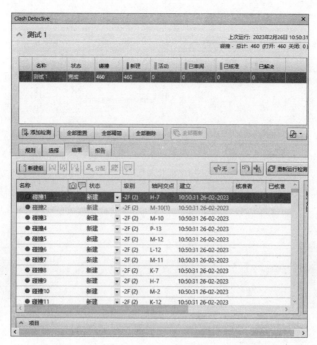

图 10-25　"Clash Detective"对话框"结果"界面

　　单击"报告"选项卡，切换到报告界面，如图 10-26 所示。选择报告中需要显示的内容、状态和报告类型，在"报告格式"下拉菜单中选择"HTML（表格）"，报告格式有以下几种：XML、HTML、HTML（表格）和文本。单击"写报告"，在自动弹出的"另存为"对话框中，选择存放文件的位置及名称，单击"保存"，生成碰撞检查报告，如图 10-27 所示。

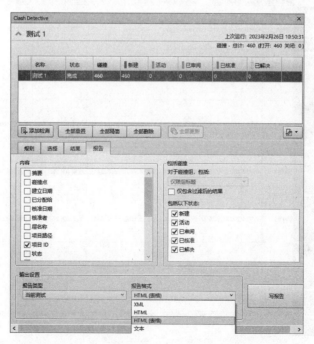

图 10-26　"Clash Detective"对话框"报告"界面

图 10-27　"另存为"对话框

单击保存后，生成碰撞报告，包括图片和 HMTL（表格）格式碰撞报告，如图 10-28 所示。

AUTODESK® **碰撞报告**
NAVISWORKS®

测试1	公差	碰撞	新建	活动的	已审阅	已核准	已解决	类型	状态
	0.001m	460	460	0	0	0	0	硬碰撞	确定

图像	碰撞名称	距离	找到日期	碰撞点	项目 1 项目 ID	项目 2 项目 ID
	碰撞1	-0.914	2023/2/26 02:50	x:-37.007、 y:90.898、 z:-3.341	元素 ID: 1686025	元素 ID: 1691719
	碰撞2	-0.914	2023/2/26 02:50	x:-12.178、 y:122.798、 z:-2.730	元素 ID: 1685996	元素 ID: 1691702
	碰撞3	-0.914	2023/2/26 02:50	x:-13.098、 y:123.107、 z:-3.341	元素 ID: 1685996	元素 ID: 1691703
	碰撞4	-0.914	2023/2/26 02:50	x:8.202、 y:138.707、 z:-3.341	元素 ID: 1693078	元素 ID: 1685982
	碰撞5	-0.914	2023/2/26 02:50	x:2.602、 y:123.107、 z:-3.341	元素 ID: 1685983	元素 ID: 1691700
	碰撞6	-0.884	2023/2/26 02:50	x:2.602、 y:115.307、 z:-3.341	元素 ID: 1685998	元素 ID: 1691700
	碰撞7	-0.883	2023/2/26 02:50	x:-5.807、 y:122.798、 z:-3.341	元素 ID: 1691702	元素 ID: 1685997

图 10-28　HMTL（表格）格式碰撞报告

虽然 Navisworks 碰撞检查能提高工作效率，但其检查结果在精度方面仍有欠缺，一些碰撞检查结果对工程没有影响，不需要解决。例如逻辑连接构件碰撞、绝缘层重复碰撞、MEP 系统流段与终端碰撞和 MEP 系统穿过结构碰撞等无效碰撞，如图 10-29 所示。

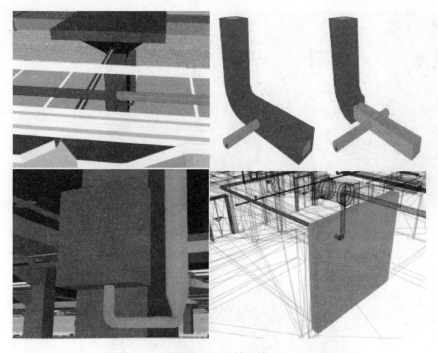

图 10-29　无效碰撞

10.4.3　查找碰撞

单击"Clash Detective"对话框中的"结果"，单击"结果"中的任一栏，视图会自动切换至碰撞处，如图 10-30 所示。为了更清晰地查看碰撞位置，可将模型的材质颜色还原，或者直接将其隐藏。

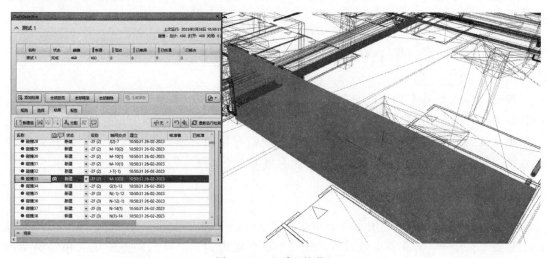

图 10-30　查看碰撞位置

移动鼠标单击发生碰撞的构件，右侧会出现特性工具框（图10-31），若没有选择"常用"选项卡中的"显示"面板下的"特性"命令调出特性工具框，在"元素"选项卡下，读取 ID 值。

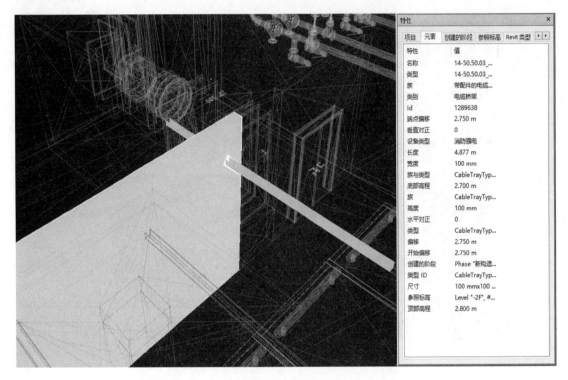

图 10-31　特性窗口

进入 Revit 软件界面，在"管理"选项卡中的"查询"面板下，单击"按 ID 选择"工具，在弹出的"按 ID 号选择图元"对话框中，输入读取的 ID 就可以找到发生碰撞的件，单击显示即可显示。多次单击显示，显示切换不同的视图。确定发生碰撞的位置后，在 Revit 图纸上找到碰撞点，单击"注释"选项卡下"详图"面板中"云线批注"，使用云线标注错误的地方。

10.5　基于鲁班 iWorks 的碰撞检查

鲁班 iWorks 是基于 BIM 的企业级项目协同管理平台，以 BIM 三维模型及数据为载体，关联施工建造过程中的资料、图纸、进度、质量、安全、技术和成本等信息，形成多样化项目解决方案，为项目提供数据支撑，实现有效决策和精细管理。通过鲁班 iWorks 可以实现设备动态碰撞，对结构内部设备和管线的查看更加方便直观。

10.5.1　生成工作集

工作集是鲁班 iWorks 中用于组织和管理项目、任务和文件的基本单位，每个用户都可以创建多个工作集，并在其中进行各种操作。进行碰撞检查，首先要将多专业 BIM 模型合并为工作集。

1）在 iWorks 操作页面中，单击"项目"菜单栏下的"工作集"—"创建工作集"，如图 10-32 所示。

图 10-32　创建工作集

2）输入工作集名称"A 办公楼土建安装工作集"，在团队项目部内勾选自己名称的办公楼土建 BIM 模型、安装 BIM 模型进行项目的选择，选择授权对象，最后单击"确定"即创建成功，如图 10-33～图 10-35 所示。

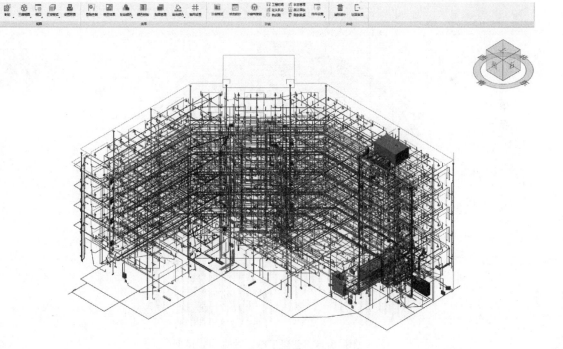

图 10-33　办公楼安装模型

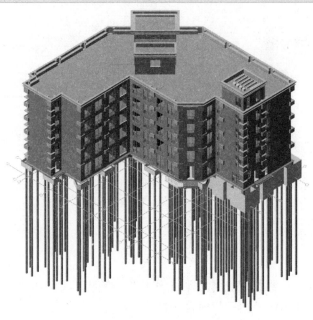

图 10-34　办公楼土建模型

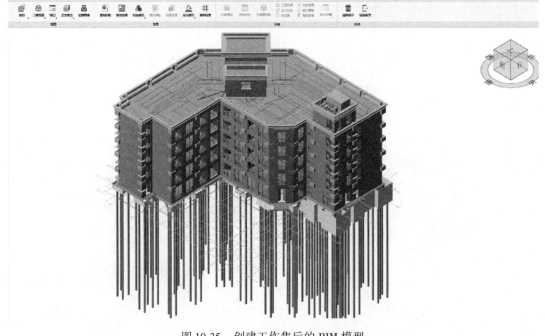

图 10-35　创建工作集后的 BIM 模型

10.5.2　碰撞检查

1）在工作集中，单击"技术"栏下的"碰撞模式"进行激活，单击"碰撞"，如

图 10-36 所示。

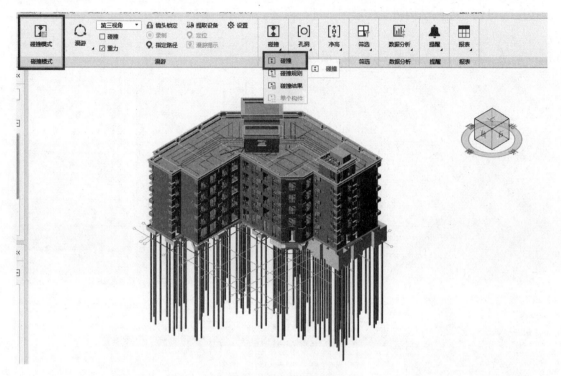

图 10-36 选择"碰撞模式"

2）选择碰撞规则。

3）选择需要检查的楼层，如图 10-37 所示。

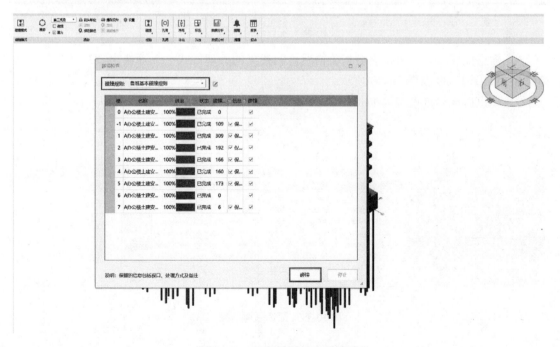

图 10-37 选择需要检查的楼层

4）生成碰撞结果。单击"碰撞"栏目下的"碰撞结果"，选择下方需要查看碰撞结果的楼层（可通过左侧结构树对楼层细节进行隐藏），如图 10-38 所示。

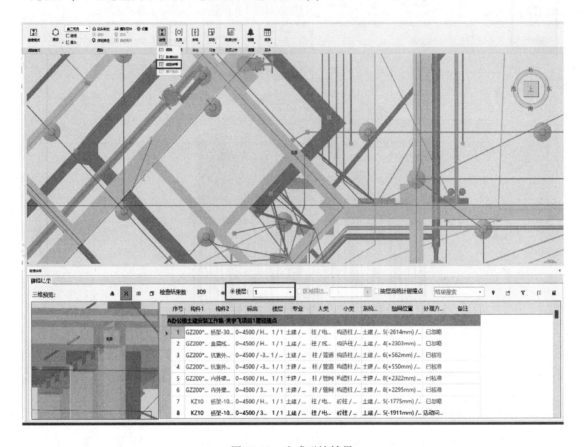

图 10-38　生成碰撞结果

5）筛选碰撞结果。根据模型相关情况修改碰撞的处理方式，并筛选出"已核准"的碰撞结果，如图 10-39 及图 10-40 所示。

6）导出碰撞检查报告（doc 格式）。

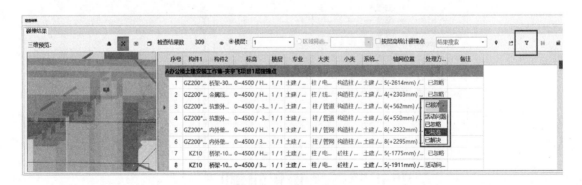

图 10-39　筛选碰撞结果

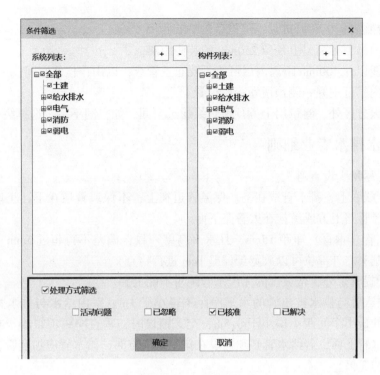

图 10-40　条件筛选

10.6　管线综合调整原则

10.6.1　总则

在建设项目全生命周期中，协调是许多活动不可或缺的一部分。事实上，整个建设过程需要协调材料、设备和劳动力等关键资源。许多协调活动都与 MEP 系统有关。

MEP 协调只是协调活动链中的一个环节。它是各种建筑系统组件的排列，对建筑的正常运行至关重要。系统组件必须符合建筑和结构的限制，并满足舒适性和安全性的性能预期。MEP 协调过程包括定义整个建筑中每个建筑系统组件的确切位置，以符合不同的设计和操作标准。通常，承包商必须在拥挤的区域布置组件，以避免与建筑、结构和其他建筑系统组件发生碰撞。这个过程本质上是反复的，需要多个专业进行多次修改。这一过程只有在工程师完成初步设计图并最终形成一套协调图纸后才会发生，基本原则如下：

1）大管优先让小管。

2）有压管让无压管。

3）低压管让高压管。

4）常温管让高温和低温管。

5）可弯管线让不可弯管线，分支管线让主干管线。

6）附件少的管线让附件多的管线。

7）电气管线避热避水，在热水管线和蒸汽管线上方及水管的垂直下方不宜布置电气线路。

8）安装维修距离不小于 500mm。

9）预留管廊内柜机和风机盘管等设备的拆装距离。

10）管廊内吊顶标高以上预留250mm的装修距离。

11）租赁线以外400mm距离内尽可能不要布置管线，以用作检修空间。

12）管廊内靠近中庭一侧预留卷帘门位置。

13）各防火分区处，卷帘门上方预留管线通过空间，如空间不足，选择绕行。

10.6.2 给水排水专业细则

1）管线要尽量少设置弯头。

2）给水管线在上，排水管线在下。保温管道在上，不保温管道在下，小口径管路应尽量支撑在大口径管路上方或吊挂在大管路下面。

3）冷热水管（垂直）净距15cm，且水平高度一致，偏差不得超过5mm（其中对卫生间淋浴及浴缸龙头之外部位可以放宽至偏差1cm进行检查）。

4）除设计提升泵外，带坡度的无压水管绝对不能上翻。

5）给水引入管与排水排出管的水平净距不得小于1m。室内给水与排水管道平行敷设时，两管之间的最小净间距不得小于0.5m；交叉铺设时，垂直净距不得小于0.15m。给水管应铺设在排水管上面，若给水管必须铺设在排水管下方时，给水管应加套管，其长度不得小于排水管径的3倍。

6）喷淋管尽量选在下方安装，与顶棚间距保持至少100mm（无顶棚区域尽量走上方，因为通常是上喷）。

7）各专业水管尽量平行敷设，最多出现两层上下敷设。

8）污排、雨排和废水排水等自然（即重力）排水管线不应上翻，其他管线避让重力管线。

9）给水PP-R管道与其他金属管道平行敷设时，应有一定保护距离，净距离不宜小于100mm，且PP-R管宜在金属管道的内侧。

10）水管与桥架层叠铺设时，要放在桥架下方。

11）管线不应该挡门和窗，应避免通过电机盘、配电盘和仪表盘上方。

12）管线外壁之间的最小距离不宜小于100mm，管线阀门不宜并列安装，应错开位置，若需并列安装，净距不宜小于200mm。

13）不同管径范围与墙（或柱）面的间距见表10-1。

表 10-1 不同管径范围与墙（或柱）面间距

管径范围/mm	与墙面的间距/mm
$D \leqslant 32$	$\geqslant 25$
$32 \leqslant D \leqslant 50$	$\geqslant 35$
$75 \leqslant D \leqslant 100$	$\geqslant 50$
$125 \leqslant D \leqslant 150$	$\geqslant 60$

10.6.3 暖通专业细则

1）一般情况下，保证无压管（通常指冷凝管）的重力坡度，无压管放在最下方。

2）风管和较大的母线桥架一般安装在最上方；风管与桥架之间的距离不小于 100mm。

3）对于管道外壁、法兰边缘及绝热层外壁等管路最突出的部位，距墙壁或柱边的净距应不小于 100mm。

4）通常风管顶部距离梁底的间距为 50～100mm。

5）如遇到空间不足的管廊，可与设计师沟通，将断面尺寸改小，便于提高标高。

6）暖通的风管较多时，一般情况下，排烟管应高于其他风管；大风管应高于小风管。两个风管如果只在局部交叉，可以安装在同一标高，交叉的位置小风管绕大风管。

7）空调水平干管应高于风机盘管。

8）冷凝水应考虑坡度，吊顶的实际安装高度通常由冷凝水的最低点决定。

10.6.4　电气专业细则

1）电缆线槽和桥架宜高出地面 2.2m 以上；线槽和桥架顶部距顶棚或其他障碍物距离不宜小于 0.3m。

2）电缆桥架应敷设在易燃易爆气体管道和热力管道的下方，当设计无要求时，与管道的最小净距符合表 10-2 的要求。

表 10-2　电缆桥架与管道最小净距

管道类别		平行净距/m	交叉净距/m
一般工艺管道		0.4	0.3
易燃易爆气体管道		0.5	0.5
热力管道	有保温层	0.5	0.3
	无保温层	1.0	0.5

3）在顶棚内设置时，槽盖开启面应保持 80mm 的垂直净空（即顶部应与梁保证至少 80mm 的间距），与其他专业之间的距离宜不小于 100mm。

4）电缆桥架与用电设备交越时，净间距不小于 0.5m。

5）两组电缆桥架在同一高度平行敷设时，净间距不小于 0.6m，桥架距墙壁或柱边净距不小于 100mm。

6）电缆桥架内侧的弯曲半径不应小于 0.3m。

7）电缆桥架多层布置时，控制电缆间距不小于 0.2m，电力电缆间距不小于 0.3m，弱电电缆与电力电缆间距不小于 0.5m，如有屏蔽盖可减少到 0.3m，桥架上部距顶棚或其他障碍距离不小于 0.3m。

8）电缆桥架不宜敷设在腐蚀性气体管道和热力管道的上方及腐蚀性液体管道的下方。

9）通信桥架距其他桥架水平间距至少 300mm，垂直距离至少 300mm，防止其他桥磁场干扰。

10）桥架上下翻时要放缓坡（即最好不要垂直上下翻），桥架与其他管道平行间距不小于 100mm。

11）桥架不宜穿楼梯间、空调机房、管井和风井等，遇到后尽量绕行。

12）强电桥架要靠近配电间的位置安装，如果强电桥架与弱电桥架上下安装时，优先考虑强电桥架放在上方。

10.7　管线综合图内容和深度与图面表达

10.7.1　管线综合图内容和深度

1）施工图设计阶段，一般项目综合管线图包括：图纸目录、设计说明和施工说明、综合管线平面图、综合管线剖面图、楼层区域净高分析图和综合天花机电末端点位布置图。如果增加初步设计阶段环节，综合管线图包括：综合管线平面图、综合管线剖面图和楼层区域净高分析图。

2）施工图设计阶段特殊项目综合管线图除了包含施工图设计阶段综合管线图内容，还有四个补充专项图：综合预留预埋图、设备运输路线分析图及相关专业配合图、机电各专业施工图、建筑机电局部详图和大样图。

3）综合预留预埋图包括：图纸目录、建筑结构一次预留洞、二次砌筑留洞图和电气管线预埋图。

4）设备运输路线分析图及相关专业配合图包括：图纸目录、主要设备运输路线图和建筑结构配合条件图。

5）机电各专业施工图就是深化过的各专业传统全套图纸。

6）建筑机电局部详图和大样图包括：图纸目录、设备房、管井、机电管线转换层、洗手间、厨房、支架、室外管井和沟槽详图和安装大样图等。

7）中国澳门和中国香港特别行政区综合管线图又称CSD图，图纸内容包括：综合管线平面图、综合预留孔洞图和剖面大样图。

10.7.2　管线综合图面表达

原则上管线综合的所有图纸均直接在Revit出图，其要点如下（基础设置已内置在配套样板文件中）：

（1）基本设置

1）Revit软件的管理面板下，将半色调设为60%。

2）在MEP设置处，将机械及电器的隐藏线设为：内部间隙0.5mm；外部间隙0；线样式为比例合适的虚线。

3）在MEP设置处，将矩形风管及电缆桥架的尺寸分隔符设为乘号"×"。

4）管道、风管和桥架均采用双线表达。

（2）平面图

1）采用"机械"规程。详细程度为"精细"，视觉样式为"隐藏线"，视图范围采用"裁剪视图＋不显示裁剪区域"，比例尽量按1:100，不得超过1:200。视图比例应事先确定。

2）结构框架的表面与截面均将填充图案设为不可见；管道、风管和电缆桥架及配件的"中心线和升、降符号"关闭显示；电缆桥架及配件的详细程度为"中等"；"管道隔热层"和"风管隔热层"关闭显示。

3）风管和桥架标注管底标高，管道标注管中心标高。

（3）剖面图

1）不满足净空要求的地方必须绘制剖面。此外，一般问题比较集中的走廊、通道口、管线交错复杂部位和结构变高边界等位置也需要重点剖出大样图，数量视其具体情况而定。

2）剖面一般垂直于管线剖切，有梁的地方尽量看到梁，但不要在梁所在的位置剖切，也尽量不要剖切柱。剖面深度不宜超过 3000mm。

3）剖面规程一般为"协调"，详细程度为"精细"，视觉样式为"隐藏线"，视图范围采用"裁剪视图 + 显示裁剪区域"，比例按 1:50。

4）可见性设置：管道的"升、降符号"打开显示并将线宽设为 1。

5）结构构件截面应为黑色实体填充，表面用灰色填充；墙体截面用左斜线填充，表面无填充；墙体需与梁或楼板连接，以正确反映构件关系。

6）尺寸标注一侧或两侧视剖面复杂程度而定，重点标注结构顶板和底板标高、梁高（无梁楼盖则为板厚）、地面完成面、各种设备管线标高、梁底与管线间的净空和最低管线的底部净空。风管标注上下边界，DN200 以内的管道标注管中，超过 DN200 的管道标注上下边界。对于走廊补位，还应标注水平距离。

10.8　练习与思考题

1. 将第 4 至 8 章 Revit 模型进行集成，并导出相应的格式，分别使用 Revit 软件、鲁班 iworks、Navisworks 软件进行碰撞检查，并生成碰撞检查报告。

2. 碰撞类型有哪些？

3. 碰撞检查在项目中的意义是什么？

4. 施工图阶段管线综合设计的流程是什么？

5. 管线综合图纸在 Revit 上的出图要点是什么？

6. 给水排水专业、暖通专业和电气专业管线综合的调整原则是什么？

第11章　模型可视化应用

1. 了解 BIM 模型可视化的基础内容。
2. 熟悉视觉动画的制作流程。
3. 掌握脚本编制、材质贴图、灯光布置和后期剪辑的方法。

1. 能够运用 Revit 进行模型格式互转及模型处理。
2. 能够根据模型进行场景布置、动作绑定、镜头布置和渲染等技能。
3. 能够应用 Revit、3DMax、After Effects 和 Premiere 制作视觉动画。

11.1　视觉动画概述

从广义上说，动画就是通过视觉机制，将原本静态的图像，通过录制和播放，变为运动的画面。人类拥有"视觉暂留"的特性，当眼睛看到某个图像或是某个物体时，在 1/24s 内不会消失。通过这一原理，在一个图像还未结束时就放映下一张图像，将会给观众带来一个流畅的视觉变化效应。

动画从空间上的视觉效果来看，可分为二维动画（如《猫和老鼠》和《灌篮高手》等）和三维动画（如《机器人总动员》和《功夫熊猫》等）。目前，越来越多的电影采用实拍和三维数字制作相结合的技术，如《X 战警》部分特效便是使用 3DMax 制作而成。

三维动画是指设计师事先在虚拟的三维环境中，按照要表现的物体的基本形状设定运动模型的画面，根据需求设定运动模型的运行轨迹、虚拟摄像机的运动等，然后再为运动模型附加上相应的材质以及添加灯光等。当上述设定全部完成后，便可经由计算机计算得到最终的动画。

11.2　视觉动画应用

模型可视化主要应用于设计、投标和施工阶段，主要的几种应用见表 11-1。

表 11-1　各阶段视觉动画应用

设计阶段	投标阶段	施工阶段
建筑漫游	工期计划安排	施工方案对比
灾害应急模拟	重难点部位施工模拟	管线安装模拟
虚拟样板间展示	场地布置	深化设计

1. 设计阶段

（1）建筑漫游　利用照片级的视觉动画漫游技术，对总体的建筑模型外观展示。

（2）灾害应急模拟　逃生、救援方案模拟，逃生、救援路线设计。

（3）虚拟样板展示间　虚拟仿真样板间设计、模拟，电子样板间代替实体样板间展示室内效果。

2. 投标阶段

（1）工期计划安排　对工期安排进行演示后，随工期模拟建设流程。

（2）重难点部位施工模拟　针对投标时期需要说明展示的施工方案进行方案模拟视觉动画展示，进行施工全过程的复杂节点模拟，重点部位施工顺序和过程视觉动画模拟。

（3）场地布置　场地平面布置随施工进度计划变化。

3. 施工阶段

（1）施工方案对比　对施工工艺问题提供多种动态的选择和解决方案，探讨技术方案可行性，选出最优方案，便于工程人员交流和理解，减少现场拆改。

（2）管线安装模拟　更真实、精细的机电安装过程模拟，设备系统运行模拟。

（3）深化设计　特殊部位建模，尤其针对异型构件和曲面构件的深化设计有很大的优越性，可进行关键线路及工作过程进度风险预见性分析。

11.3　视觉团队组成及质量控制

11.3.1　团队组成

视觉动画制作开始前，项目总负责人和有关技术人员针对项目的具体内容进行严谨全面的研究，为项目做出可行性的设计规划，并组织主要人员制作技术文件和视觉动画脚本。方案文件包括：实施计划，组织结构，协调机构，目标分解，业务流程设定，以及过程管理中的细节控制措施。视觉动画脚本和视觉动画设计演示蓝本则由有关技术负责人共同撰写，各方职责见表 11-2。

表 11-2　视觉动画脚本和视觉动画设计演示蓝本撰写的各方职责

参与方	总体分工、职责
业主方	提出项目需求
施工总承包方	提供施工方面需求及技术支持
视觉动画团队搭建及职责	1. BIM 项目设计团队主要由以下设计岗位构成 （1）项目总负责人 （2）BIM 建模人员 （3）方案编写人员 （4）视觉动画制作人员 （5）后期合成人员 2. 各设计岗位职责规定 （1）项目总负责人/项目副总负责人的职责如下： 1）负责制定项目策略文档计划 2）负责管理、协调各人员任务 3）负责预测项目技术风险及控制、解决风险

（续）

参与方	总体分工、职责
视觉动画团队搭建及职责	（2）BIM 建模人员的职责如下： 1）负责 Revit、Tekla 等模型的整合及完善 2）负责各专业资源组织及协调，为模型准确度负责 3）负责各专业模型的格式转换 4）负责收集管理项目自建构件 5）负责三维模型、二维图纸管理 6）负责对三维模型的拆分、修改、补充、优化 （3）方案编写人员的职责如下： 1）负责视觉动画脚本的撰写，为技术方案准确性负责 2）提出视觉动画表现需求并协助视觉动画制作人员理解分析方案 3）负责将文字方案转成语音，以便后期合成配音 （4）视觉动画制作人员的职责如下： 1）负责三维模型检查 2）根据脚本制作施工方案模拟、项目整体漫游渲染、效果图表现 3）协助总负责人及方案编制人员图形化表现、展示、制作视觉动画 4）制作完成视觉动画片段 （5）后期合成人员的职责如下： 1）合成视觉动画片段，制作视频过渡、章节转场 2）合成配音、字幕、LOGO，生成完整展示视频 3）负责视觉动画文件夹归档

11.3.2 质量控制

提高各个环节的视觉动画品质，需要确定并实施视觉动画质量控制制度。在整个动画制作流程中，制作的每一条视频片段都需要预先计划好想要表达的信息、形式、风格、负责更新内容的责任方和所有参与者的发布方式等。在后期视频提交时，必须通过严格的程序和授权管理，保证涉及信息的安全性和保密性。根据编者的项目经验，做好质量控制，需要建立以下制度：

（1）建立例会制度　每周召开一次专题会议，动画制作参与人员汇报工作进展情况以及遇到的困难，以便及时了解设计和工程进展情况；针对本周动画制作工作进展情况和遇到的问题，制定下周工作目标。

（2）建立检查机制　对动画制作情况进行例行检查，了解制作的真实情况、过程控制情况和变更修改情况。对各动画工程师的工作进行有效性检查，确保动画制作工作按时按质进行。

11.4 视觉动画制作准备

11.4.1 脚本编制

脚本准备是整个动画制作过程的关键步骤，需先和建设方沟通好动画内容后，再由动画工程师将动画内容进行整合，然后开始创作分镜剧本，场景、环境、画面、动作、声音和秒数等都必须明确，包括摄影机的运用和特技效果（如透过光线、高反差等）也需注明。最后整理的脚本形式见表 11-3。

表 11-3 某项目动画脚本

镜头号	景别	解说词	表现画面	效果展示	时长/s
1		某改造工程（二期）施工演示	后期特效包装片头文字，配合节奏明快的背景音乐		10
2		一、工程概况	包装转场		5
3	全景 + 远景 + 特写	本工程为大型三级甲等综合医院、区域医疗中心，床位数 3300 床，年门诊量 330 万人次。该工程位于深圳市宝安区新安街道新安二路东南侧，龙井二路东北侧 项目总用地面积 70837.83m²，总建筑面积 661692m²。地上分为 A 栋、B 栋，地下分为地下室及半地下室。仅在地下东西两侧设连通口，在 2 ~ 4 层东侧设连廊与新建建筑相连通	使用特效包装 + 地图卫星视图 + 实拍（漫游）形式展示 鸟瞰展示地上整体场景，伴随配音在画面中展示文字。动画展示基坑过程中加文字标注，同理展示塔楼高度		100
4		二、设计概况	包装转场		5
5	全景 + 远景 + 特写	项目位于宝安区新安老城区繁华地段，西北侧为新安公园，项目以"花园中的医院，医院中的花园"为设计理念，打造符合深圳气候特点、多维度的景观绿化体系，形成生态、低碳的绿色医院城。设计以"人车分流与立体交通、医疗组团与集中医技"为布局，以"绿色自然、人文关怀"为愿景，以功能性、流程式、人文化、园林型的国内一流大型综合医院为目标，建设国际化、智能化、环保绿色的新型医疗中心	见下页	见下页	135

（续）

镜头号	景别	解说词	表现画面	效果展示	时长/s
5	全景 + 远景 + 特写	项目总体布局以"多个医疗中心与集中医技"的规划理念，解决"高密度、用地紧张、系统复杂"的难题。新建三栋住院楼形成半围合组团，三栋住院塔楼之间通过空中连廊连接，在形成丰富的空间感的同时，为住院病房的相互连接提供便利的通道 新建的4号体检康复楼、6号超高层综合楼与5号原门诊大楼形成另一个半围合组团，功能分区与主医疗区相对独立。规划布局合理，实现人群合理分流，减少疾病传播 中心庭院环境优美，仅供人行使用，为病患医护及其他使用者提供良好的自然环境；同时，通过新安二路跨接天桥，与新安公园形成统一的绿化体系，加之建筑立面的各层级空中连廊，在高密度的城市用地中创造高品质空间环境	使用不同镜头的转场手法，提升整体项目漫游观感，增添天气变化、日夜交替和四季轮回等特效表现		135
6		三、工程目标	包装转场		5
7		本项目将实现三大目标 1. 安全文明施工管理目标 获得 AAA 级安全文明标准化诚信工地、安全文明施工样板工地奖 2. 质量管理目标 获得广东省建设工程优质结构奖、鲁班奖 3. 科技管理目标 获得龙图杯、创新杯等国家级 BIM 奖项	图文包装转场		15
8		四、施工场地部署	包装转场		5
9		1. 临建部署	小标题		

（续）

镜头号	景别	解说词	表现画面	效果展示	时长/s
10	全景 + 远景 + 特写	本工程场地狭小，通过精心策划，合理布置临建设施，包含临时办公区、标养室、VR 体验馆、样品展示间、钢筋加工棚、木工加工棚、钢结构堆场等。施工现场共设置 8 台塔式起重机进行垂直运输，以满足高峰期项目材料倒运需求 施工现场设置 4 个出入口，分别位于新安二路、龙井二路和边检路。其中位于边检路的 4 号门为人员进出主出入口，设有人脸识别自动考勤系统。位于新安二路的 1 号门为运输土方车辆专用出口，设有洗车池、沉沙池	场景漫游配合图文标注的方式表现		50
11		2. 施工部署	小标题		
12		为确保地下室如期完工，项目部采用分区分块、穿插施工。将地下室分为 A、B、C、D 四个施工大区，共 24 块施工段，流水作业，预计高峰时段现场施工作业人数达 1000 人 项目部结合现场地形及出土坡道位置，选择最优施工作业推进路线，A 施工队由 A 区向东推进，C 施工队由 D 区向北推进，B 施工队在 B 区和 C 区集中作业，最后在 B 区坡道处汇合，利用垂直抓斗及运输坡道处理多余土方。通过区领导多次协调，将边检路纳入本工程施工道路，统一管理，极大缓解项目周边交通异常紧张的局面，起到加快土方外运、保障材料运输、混凝土及时供应的作用 地上主体结构施工阶段，5 栋塔楼同时施工，采用整体爬升式脚手架，同时穿插二次结构、玻璃幕墙、机电安装等专业施工，节约施工工期	1. 采用漫游配合文字标注 2. 使用剖面展示拆撑换撑，施工大区采用不同颜色高闪展示分区，流水段伴随大区出现 3. 使用切面、生长、移动等方式表现施工具体流程。配合箭头表示详细方向。抓土使用器械动作表示。土方外运使用出土车移动表示		90

（续）

镜头号	景别	解说词	表现画面	效果展示	时长/s
13		五、智慧工地	包装转场		5
14		本项目积极推进智慧工地建设，运用全方位监控、无人机管理、人员定位系统、安全帽佩戴检测等打造智慧工地示范工程。本项目智慧工地主要包含以下几大系统： 1. 劳务实名制管理系统 2. 人员定位系统 3. 安全帽佩戴检测 4. 视频监控系统 5. 视频分析智能预警系统 6. 塔式起重机运行监控系统 7. 施工升降机监控系统 8. 高支模变形检测系统 9. 基坑监测系统 10. 大体积混凝土自动测温系统	施工场布漫游配合图文包装转场		20
15		六、履约交付时间节点	包装转场		5
16		本项目开工时间为2021年1月31日 计划2022年5月地下室施工至正负零 2023年年底主体结构封顶 2024年年底地下室、B栋裙房、4号塔楼投入使用 2025年年底1号、2号、3号、6号塔楼全部投入使用，届时宝安人民医院将具备全部医疗功能	1. 使用切面、生长、移动等方式表现施工具体流程 2. 重要时间点使用字幕条标注 3. 重点区域使用不同颜色区分，高闪表示		30
17	全景	宝安区人民医院建成后不仅会成为深圳市引以为傲的地标建筑，同时还会成为全国首屈一指的大型综合医院亮点	使用室外场景漫游表示		20
18		结尾	包装转场		5

11.4.2　模型要求

1. 模型从3DMax导入Revit

从3DMax导出格式有3DS、DWG、DXF、FBX、IGS等格式。3DMax导出DWG、DXF格式后，在Revit中打开的体量或族样板文件中插入，再从体量或族导入项目中。在体量或族中的模型的着色形式继承了 3DMax 的模型颜色，且被封装在块中不能添加其内部构件的参数，且线性图形无法导入。

2. 模型从 Revit 导入 3DMax

从 Revit 可以导出 DWG 或 FBX 文件格式，在 3DMax 中打开。但 FBX 格式的模型材质在导入 3DMax 中的时候会丢失。各种文件格式大小对比如图 11-1 所示。

名称	类型	大小
3DS到nwd布料机 有材质	Navisworks Document	69 KB
DWG到nwd布料机 无材质	Navisworks Document	47 KB
DXF到nwd布料机 无材质	Navisworks Document	47 KB
FBX到nwd布料机 有材质	Navisworks Document	72 KB
布料机	3D Studio 模型	174 KB
布料机	DWF 文件	65 KB
布料机	AutoCAD 图形	175 KB
布料机	AutoCAD 图形交换	1,369 KB
布料机	AutoCAD FBX 文件	209 KB
布料机	3dsMax scene file	600 KB
布料机	Navisworks Cache	83 KB
导入体量	Autodesk Revit Family	580 KB
导入族	Autodesk Revit Family	548 KB
体量到项目	Autodesk Revit Project	4,612 KB
族到项目	Autodesk Revit Project	4,312 KB

图 11-1   各种文件格式大小对比

3. 创建模型库

同时需要建立模型库用于动画制作，便于提高制作效率，如图 11-2 所示，模型库包含人物、配楼、植物和机械等。

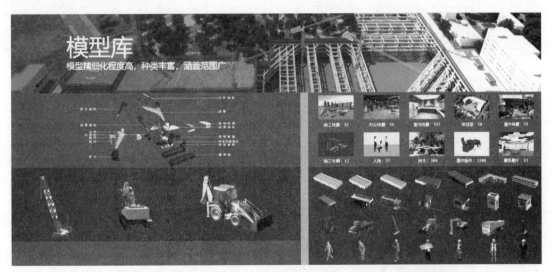

图 11-2   各类模型库

11.4.3   材质表现规则

材质是材料和质感的结合。在渲染程序中，材质是表面各可视属性的结合，包括表面的色彩、纹理、光滑度、透明度、反射率、折射率和发光度等。正是由于这些属性，才能让用户识别出三维模型中的构件是由什么材料做成的。制作 BIM 动画时，常见的几种材质见表 11-4。

表 11-4　制作 BIM 动画常见材质

名称	默认材质	VRay 材质
钢材		镜面不锈钢、漫射：黑色　反射：255 灰 　亚面不锈钢、漫射：黑色　反射：200 灰　光泽（模糊）：0.8 　拉丝不锈钢、漫射：黑色　反射：衰减贴图（黑色部分贴图）　光泽（模糊）：0.8
混凝土		漫反射：贴图
钢筋		漫反射：贴图
二次结构		亚面石材、漫射：贴图　反射：100 灰　高光：0.5　光泽（模糊）：0.85　凹凸贴图 　抛光砖、漫射：平铺贴图　反射：255　高光：0.8　光泽（模糊）：0.98　菲涅耳 　普通地砖、漫射：平铺贴图　反射：255　高光：0.8　光泽（模糊）：0.9　菲涅耳

x

（续）

名称	默认材质	VRay 材质
防护网	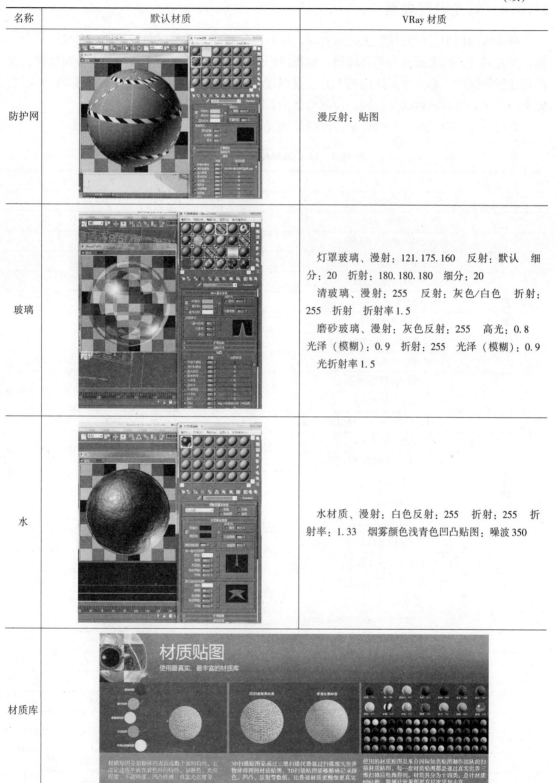	漫反射：贴图
玻璃		灯罩玻璃、漫射：121.175.160　反射：默认　细分：20　折射：180.180.180　细分：20 清玻璃、漫射：255　反射：灰色/白色　折射：255　折射　折射率 1.5 磨砂玻璃、漫射：灰色反射：255　高光：0.8　光泽（模糊）：0.9　折射：255　光泽（模糊）：0.9　光折射率 1.5
水		水材质、漫射：白色反射：255　折射：255　折射率：1.33　烟雾颜色浅青色凹凸贴图：噪波 350
材质库		

11.4.4 灯光设置规则

在动画制作中，灯光调整决定着效果。最基本的照明方式是三角形照明，它使用三个光源：主光最亮，用来照亮大部分场景，常投射阴影；背光用于将对象从背景中分离出来，并展现场景的深度，常位于对象的后上方，且强度等于或小于主光；辅光常在摄影机的左侧，用来照亮主光没有照到的黑区域，控制场景中最亮的区域与最暗区域的对比度。

亮的辅光产生平均的照明效果，而暗的辅光增加对比度，光色度对照见表 11-5。

表 11-5   以 *K* 为单位的光色度对照

光源	*K*
烛焰	1500
家用白灯	2500 ~ 3000
60W 的充气钨丝灯	2800
100W 的钨丝灯	2950
1000W 的钨丝灯	3000
500W 的投影灯	2865
500W 钨丝灯	3175
3200K 的泛光灯	3200
琥珀闪光信号灯	3200
R32 反射镜泛光灯	3200
锆制的浓弧光灯	3200
1 号、2 号、4 号泛光灯，反射镜泛光灯	3400
暖色的白荧光灯	3500
切碎箔片，清晰闪光灯信号	3800
冷色的白荧光灯	4500
白昼的泛光灯	4800
白焰碳弧灯	5000
M2B 闪光信号灯	5100
正午的日光	5400
高强度的太阳弧光灯	5550
夏季的直射太阳光	5800
早上 10 点到下午 3 点的直射太阳光	6000
蓝闪光信号灯	6000
白昼的荧光灯	6500
正午晴空的太阳光	6500
阴天的光线	6800 ~ 7000
高速电子闪光管	7000
来自灰蒙天空的光线	7500 ~ 8400
来自晴空蓝天的光线	10000 ~ 20000
在水域上空的晴朗蓝天	20000 ~ 27000

11.4.5 渲染设置要求

渲染是指用软件从模型生成图像的过程。将三维场景中的模型按照设定好的环境、灯光、材质及渲染参数，进行二维投影形成数字图像。

渲染是动画后期制作之前的最后一道工序，也是最终使图像符合 3D 场景的阶段。渲染时有多种软件可供选择，如各 CG 软件自带渲染引擎，还有诸如 Render Man 等渲染器。建筑设计、BIM 动画制作等通常利用 3DMax、Maya 等软件制作好模型、动画帧之后，将所设计内容利用软件本身或者辅助软件（如 Light scape、VRay 等）制作成最终效果图或者动画。

渲染步骤如下：

1）确定图片或视觉动画用何种形式，即单帧渲染还是一定范围内的帧渲染。单帧渲染的方式决定了 3DMax 可以断点渲染，如断点中断，不会重新渲染。

2）选择渲染区域。

3）确定输出大小。

4）设置渲染输出路径和渲染质量。

5）选择渲染器（默认扫描线、VRay、Mental Ray 等）。

6）根据需要设置渲染器中的各项参数，如图 11-3 所示。

  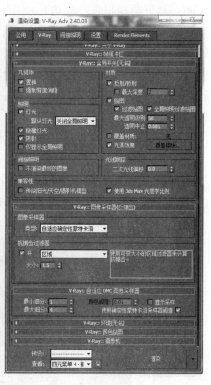

图 11-3　渲染器设置各项参数

11.4.6 常用动画表现

在实际项目应用场景中，常用表现形式见表 11-6。

表 11-6　常用表现形式

常规视觉动画	常用表现形式
混凝土浇筑	切片视觉动画、透明度视觉动画、粒子视觉动画
钢筋绑扎	切片视觉动画、透明度视觉动画、缩放视觉动画
二次结构	切片视觉动画
玻璃、幕墙安装	透明度视觉动画、飞行旋转视觉动画
人	骨骼
工程机械	位移视觉动画、轨迹约束、蒙皮、父子链接
摄像机	摄像机视觉动画
模板、需要强调处	轨迹视觉动画、材质视觉动画
其他特殊构件	修改器视觉动画、动力学

11.5　视觉动画制作流程

　　根据设计单位提供的初步设计阶段图纸以及业主单位提供的相关资料文档，包括室外管线图、地下物探报告、周边环境图、地形图和地块图等资料建立相应 BIM 模型。模型应能完整地反映主体建筑周边环境信息；将建筑信息模型导入具有虚拟动画制作功能的 BIM 软件，根据建筑项目实际场景的情况，赋予模型相应的材质；设定视点和漫游路径，该漫游路径应当能反映建筑物整体布局、主要空间布置以及重要场所设置，以呈现设计表达意图；将软件中的漫游文件输出为通用格式的视频文件，并保存原始制作文件，以备后期的调整与修改；制作手控漫游、路径漫游、VR 漫游文件和可执行程序文件。

　　视觉动画制作流程如下：解说词编写→脚本分析→模型文件导出→文件导入 3DMax（单位设置）→模型优化→模型拆分、补充整理→模型命名分层→材质设置→布光→添加摄像机→渲染输出、环境设置→片头、片尾、章节制作（3DMax 或 After Effects）→配音（Premiere/会声会影）→字幕添加（Premiere/会声会影）→视频输出→格式转换，如图 11-4 所示。

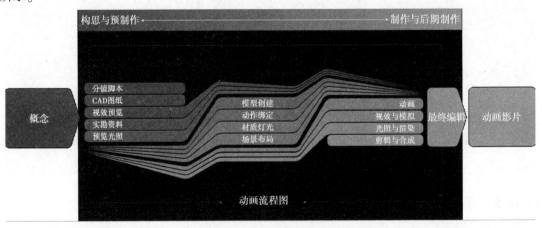

图 11-4　动画制作流程

11.6 设备及软件配置

1）建模及动画制作软件配置见表 11-7。

表 11-7 建模及动画制作软件配置

软件	功能	备注
Microsoft Office	文档生成	Microsoft 公司产品
Revit	建模	Autodesk 公司产品
Tekla	钢结构	
AutoCAD	二维绘图	Autodesk 公司产品
Navisworks	碰撞检查，四维、五维仿真	Autodesk 公司产品
3DMax	视觉动画展示	Autodesk 公司产品
After Effects	后期特效软件	Adobe 公司产品
Premiere	后期剪辑软件	Adobe 公司产品

2）建模及动画制作硬件配置见表 11-8。

表 11-8 建模及动画制作硬件配置

类型	参考配置
便携式计算机	处理器英特尔第三代酷睿 i7-3770K@3.50GHz 四核 主板 P8Z77-VLX（英特尔 IvyBridge-Z77Express 芯片组） 内存 16GB（金士顿 DDR31333MHz） 主硬盘希捷 ST1000DM003-9YN162（1TB/7200r/min） 显卡 NvidiaQuadro600（1GB/Nvidia） 显示器戴尔 DELA083DELLIN1940MW（19.1 英寸）
中型工作站	处理器英特尔 Xeon（至强）E5-26702.5GHz 八核，主板超微 X9DA7 内存 16GB（金士顿 DDR31600MHz）——RECC 内存 主硬盘希捷 ST3600057SS——SAS3.0 + 固态硬盘 显卡 NvidiaQuadro4000（2GB/Nvidia） 显示器双屏
大型工作站	处理器英特尔 Xeon（至强）E5-26902.90GHz 八核（X2） 主板超微 X9DA7 内存 32GB（金士顿 DDR31600MHz）——RECC 内存 主硬盘希捷 ST3600057SS×1——SAS3.0 + 固态硬盘 显卡 NvidiaQuadro4000（2GB/Nvidia） 显示器双屏

3）三维协作平台。NVIDIA Omniverse Enterprise 是一个可扩展的端到端平台，支持大型动画制作协同应用。使团队能够关联和自定义复杂的 3D 制作流程，并运行物理精准的大规模虚拟世界。

Omniverse 平台基于 USD（Universal Scene Description）和材质定义语言（MDL）等开放标准构建。USD 是一种功能强大的 3D 格式、框架和生态系统，支持在其内部协作处理以及描述、合成和模拟 3D 场景和世界。通过多种方式连接到 Omniverse。Omniverse Connector 是高保真度连接插件，支持实时同步协作和同时在多个软件套件中进行迭代，如图 11-5 所示。

| Autodesk 3ds Max | Reallusion ActorCore | Autodesk Alias | Graphisoft Archicad | Esri ArcGIS CityEngine | Reallusion Character Creator |

| PTC Creo | HDR Light Studio | Reallusion iClone | Ipolog | Autodesk Maya | Kitware ParaView |

| Autodesk Revit | McNeel & Associates Rhino（包括 Grasshopper） | Siemens NX | SketchFab | Trimble SketchUp | Adobe Substance 3D Painter |

SyncTwin　　　视觉组件　　　Epic Games 虚幻引擎

图 11-5　NVIDIA Omniverse 支持应用

11.7　视觉动画交付成果形式

视觉动画交付成果形式见表 11-9。

表 11-9　视觉动画交付成果形式

交付成果	交付形式
解说词	Microsoft Word 文档、音频文件，电子档形式交付
三维整合模型	项目整合模型，电子档形式交付
施工模拟模型	3DMax 文件，包含所有过程信息的项目施工模型，按编号，以视频文件格式交付
后期特效文件	AE 制作文件
后期剪辑文件	Premiere 过程文件

11.8 练习与思考题

1. 完善第五章练习题模型，对场景模型进行灯光布置。

1）具体作业要求：①布光合理，根据要求用渲染器对场景等进行了渲染输出，整体效果好；②渲染输出两张不同角度的 JPEG 格式图片文件，长宽为 1280×720（像素），分辨率为 150，请将完成的文件命名，并规范保存文件；③保存一个 3ds 项目源文件，请将完成的文件命名，并规范保存文件。

2）软件平台可选用：①Autodesk Maya；②Autodesk 3DMax。

3）作业标准：①灯光创建、设置符合题目要求，存档和命名规范；②进行灯光照明设计、处理与调整，根据要求用渲染器对场景等进行渲染输出；③构图基本完整，照明设计基本合理，画面整体效果好。

2. 根据网络素材，剪辑合成一段以"BIM"为主题的视频，时间不少于 1min。

1）具体作业要求：①叙述完整，主题突出；②镜头组接合理，无跳帧现象；③声音基本匹配视频的节奏；④视频尺寸为 1920×1080（像素）；⑤提交 AVI、MOVE 或 MP4 格式。

2）软件平台可选用：①After Effects；②Digital fusion；③Combustion；④Premiere。

3）作业标准：①提交视频尺寸为 1920×1080（像素），格式为 AVI、MOVE 或 MP4；②主题突出，情节叙述完整；③镜头组接合理，剪辑流畅；④声音基本匹配视频的节奏；⑤存档和命名基本规范。

3. 基于第二题视频设计文字片头。

1）具体作业要求：①设计一个字幕为"BIM 驱动智慧建造"的片头效果；②字体讲究，空间节奏感好，时间不少于 5s；③导出分辨率为 1920×1080 的 AVI 格式文件到文件夹。

2）软件平台可选用：①After Effects；②Adobe Premiere Pro；③Adobe Flash；④Adobe Illustrator；⑤Adobe Photoshop；⑥Painter。

3）作业标准：①字体美观，时间达到要求；②空间节奏感好；③存档和命名基本规范，并存入文件夹。

4. 动画分辨率及帧数是怎么确定的？N 制和 P 制的区别是什么？我国采用的是什么制式？

5. 动画制作时，需要采取哪些手法创造出强烈、奇妙和出人意料的视觉效果，从而引起人们的共鸣。

6. 什么样的才是好的施工动画？

7. 制作动画除软件操作外，需要具备一定的审美能力，怎样提高审美能力？

8. 视觉动画制作流程中，哪些是重点和难点？

第12章　BIM平台应用

技能目标

1. 能够熟练运用鲁班 iWorks 的计划管理和巡检功能。
2. 能够根据现场实际状况进行 BIM 协同管理。
3. 能够应用 BIM 平台运用的技能对整个施工进行指导和管理。

12.1　模型导入与整合

对于模型的导入与整合，需要先登录软件进行基本授权，然后上传各专业的模型文件。在进行鲁班 iWorks 操作时，需要将多专业的模型文件合并为一个工作集，才能掌握现实状况，以便进行模拟和操作，这更是软件操作的基础。

12.1.1　登录 iWorks 账号

右键单击软件图标，选择"以管理员身份运行"，弹出如图 12-1 所示的界面，输入本人的账号和密码，选择"鲁班云服务"，单击"登录"按钮。

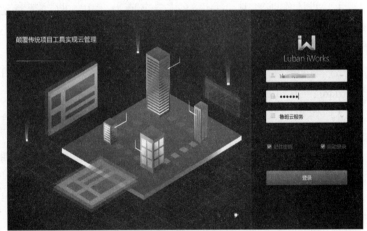

12.1.2　上传 PDS 文件

首先，在鲁班 iWorks 主界面中逐层选择到团队，双击鼠标左键，弹出操作界面。具体操作如图 12-2 所示，选择"项目"选项卡中"模

图 12-1　鲁班 iWorks 登录界面

型"面板下的"上传工程"，在弹出的文件资源管理器中选择 PDS 文件，单击"打开"或双击文件。

然后，在弹出的"上传工程"对话框中选择上传位置和授权对象，其中上述两者分别需要具体到"单位工程"和团队队友上。通过选择"本地任务"可以查看处理进度，重复以上操作直至上传完所有的 PDS 文件。

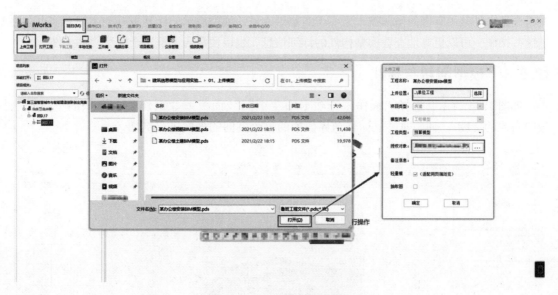

图 12-2　上传模型操作界面

12.1.3　合并工作集

选择"项目"选项卡中"模型"面板下的"工作集"中的"创建工作集",在弹出的"创建工作集"对话框中输入工作集名称、选择项目团队及点选需要关联的工程名称,单击"确定"按钮并确定打开工作集,具体操作如图 12-3 所示。

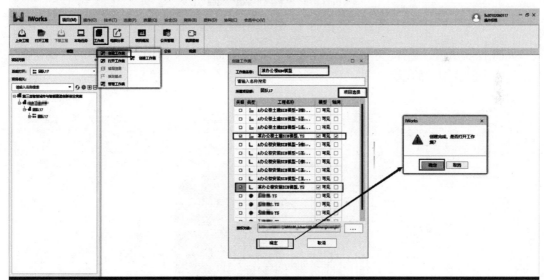

图 12-3　创建工作集操作界面

12.2　BIM 技术交底

基于 BIM 的技术交底,可以对上传模型文件进行视口查看、内部剖析、标注和测量、构件的显示与隐藏和构件信息的查询与编辑,以及节点的插入等功能的操作。查看、添加和编辑模型构件是用掌握的操作技术来实现对基层人员的模型展示，让其更好地了解和实施。通过这些操作，可以更好地查看模型构件的详细信息，也以便深入了解这个模型构件文件。

12.2.1 模型剖切与标注

如图 12-4 所示，选择"操作"选项卡中"视图"面板下"剖切"命令中的"剖切"，选中右侧的 XYZ 三轴，通过鼠标移动界面中的三个方向的平面进行剖切。

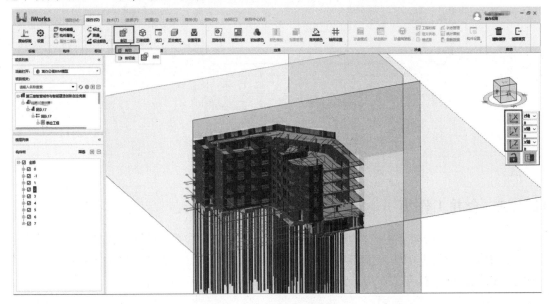

图 12-4 剖切操作界面

如图 12-5 所示，选择"操作"选项卡中"视图"面板下"剖切"命令中的"剖切盒"，将鼠标选中六面中央的蓝点，移动鼠标指针进行剖切。

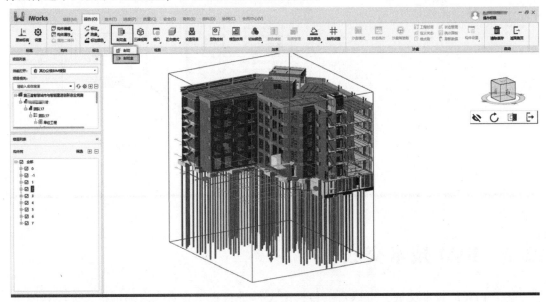

图 12-5 剖切盒操作界面

如图 12-6 所示，选择"操作"选项卡中"标注"面板下"标注"命令中的"三维量取"，通过选择目标的起点和终点进行标注。

图 12-6　三维量取操作界面

12.2.2　模型视图管理

如图 12-7 所示，选择"操作"选项卡中"视图"面板下的"三维视图"，选择视图方向可以从不同角度观察模型，例如图 12-7 中所示的"俯视"和"西北等轴测"。

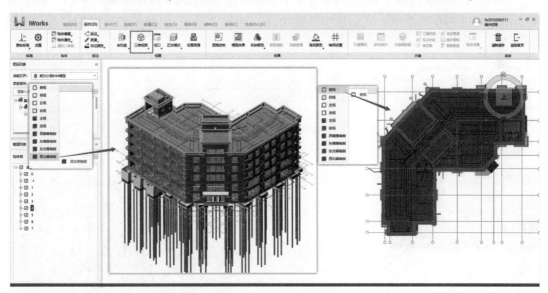

图 12-7　视图观察界面

选择"操作"选项卡中"视图"面板下的"视口"，可以进行视口的保存、管理、注释以及回到默认视口；选择"操作"选项卡中"视图"面板下的"正交模式"，可以通过正交模式、透视模式观察模型。

12.2.3　模型显示与隐藏

如图 12-8 所示，选择"操作"选项卡中"构件"面板下"构件编辑"中的"构件隐藏"，通过鼠标点选需要隐藏的构件，右键选择"隐藏选中构件"。

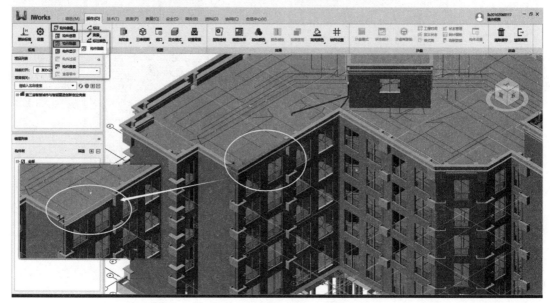

图 12-8　构件隐藏界面

如图 12-9 所示，选择"操作"选项卡中"构件"面板下"构件编辑"中的"构件显示"，在弹出的"取消隐藏"对话框中选择全部，单击"确定"，隐藏的所有构件都会重新显示。

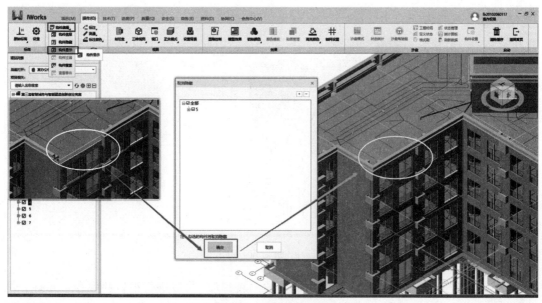

图 12-9　构件显示界面

12.2.4　构件信息查询与编辑

　　如图 12-10 所示，首先鼠标左键点选构件，右键选择"查看信息"，弹出"构件信息"对话框。或者选择"操作"选项卡中"构件"面板下"构件编辑"中的"构件信息"，鼠标左键选中构件即自动弹出信息。

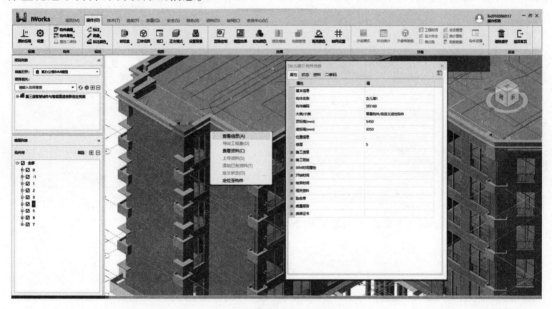

图 12-10　构件信息查询界面

　　如图 12-11 所示，选择"操作"选项卡中"构件"面板下"构件属性"中的"属性编辑"，鼠标左键选中的构件的颜色会变成红色，右键选择"选择完成"后弹出"属性编辑"对话框即可进行编辑。

图 12-11　构件信息编辑界面

12.2.5 节点管理

打开项目文件"某办公楼土建 BIM 模型",选择"技术"选项卡中"钢筋节点"面板下的"插入节点",上传所需文件,并用鼠标点选指定对应详细位置,右键选择"指定完成",单击"确定",会自动生成楼层和标高,具体操作如图 12-12 所示。

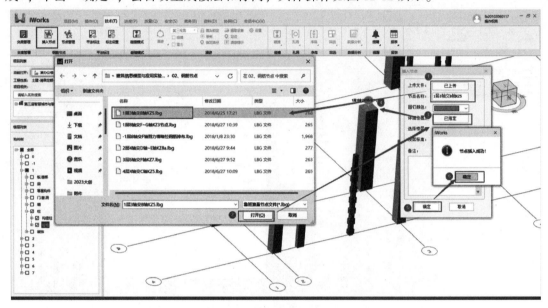

图 12-12 插入节点操作界面

如图 12-13 所示,选择"技术"选项卡中"钢筋节点"面板下的"节点管理",双击节点可以快速切换到节点的详细位置,单击"预览",在弹出的"预览窗口"对话框中可查看节点信息。

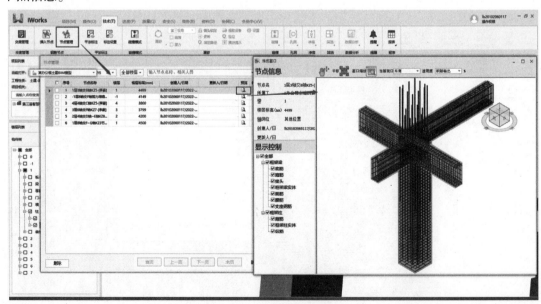

图 12-13 预览节点界面

12.3　BIM 4D 进度模拟

iWorks 中的 4D 进度模拟是指将计划施工的时间和实际施工的时间导入到计划进度里，再将施工时间和模型构件关联起来，以此形成模型的进度规划，而时间和三维空间结构联系起来，就是 4D 进度的动态视频。通过输出 4D 进度模拟视频可以清楚地看到模型构件随着进度时间的变化而逐步施工，施工工程变得生动形象、浅显易懂，这有利于提高建设项目的可见性、安全性和可预测性。

12.3.1　编制和导入进度计划

选择"进度"选项卡中"进度计划"面板下"计划管理"中的"新建计划"，选择本人的团队，单击"下一步"，输入"进度计划名称"，选择"总负责人"并点选相应的土建模型，具体操作如图 12-14 所示。

选择"进度"选项卡中"进度计划"面板下"导入导出"中的"导入 Excel"，选择所需要的 Excel 文件。

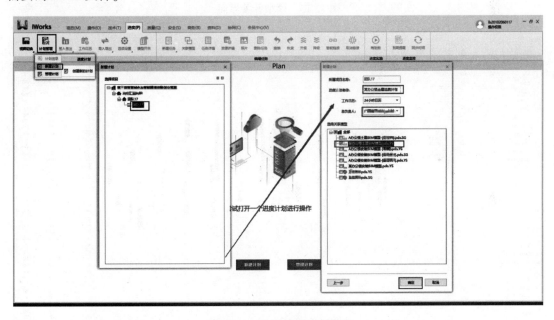

图 12-14　进度计划编制界面

12.3.2　关联模型

如图 12-15 所示，选择"进度"选项卡中"进度计划"面板下的"模型开关"，然后双击模型进行关联，弹出"关联模型"界面。

在弹出"关联模型"界面，使用"选择同类"，选择模型的可见性，选择出需要关联模型的可见性，点选模型构件，模型由灰色变成蓝色，最后使用"快速关联"进行关联，所有模型由蓝色变成红色，此次关联完成，具体操作如图 12-16 所示，重复以上操作直至关联完所有进度相应的模型构件。

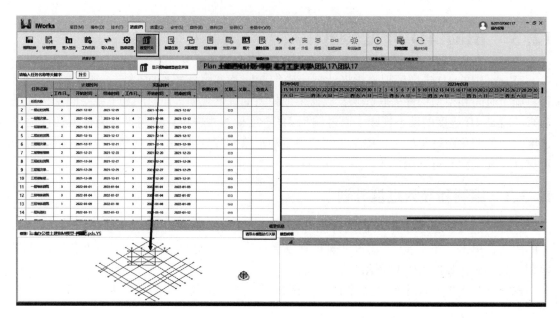

图 12-15　模型开关界面

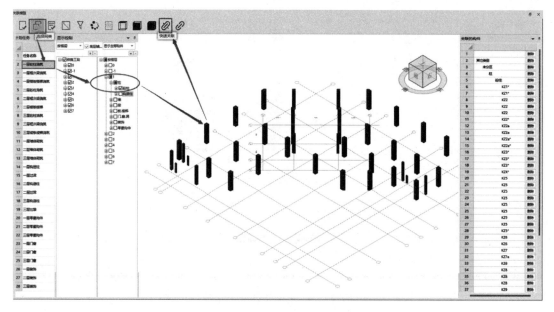

图 12-16　关联模型界面

13.3.3　任务编辑

　　选择"进度"选项卡中"编辑任务"面板下的"任务详情"，即可查看和编辑任务；选择"进度"选项卡中"编辑任务"面板下的"照片"，在弹出的"现场照片"对话框中单击"添加"，然后选择照片文件添加施工过程的图片信息，具体操作如图12-17所示。

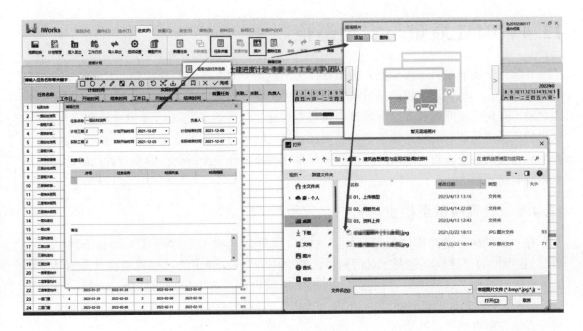

图 12-17　任务编辑界面

12.3.4　输出 4D 进度模拟视频

如图 12-18 所示，选择"进度"选项卡中"进度计划"面板下"签入签出"中的"签入计划"，选择"进度"选项卡中"进度实施"面板下的"驾驶舱"，在弹出的"鲁班驾驶舱"界面中按下播放按钮来播放 4D 进度模拟视频。

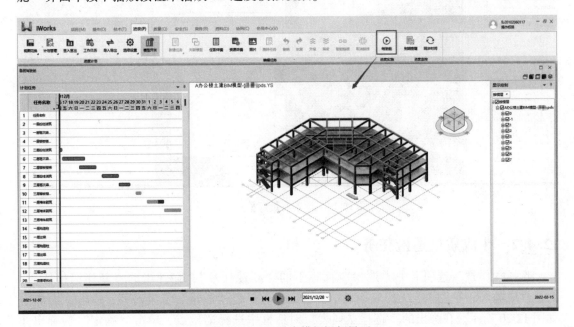

图 12-18　4D 进度模拟视频界面

12.4 BIM质量与安全巡检

在软件上完成项目工程模型的模拟操作后，也需要对其进行审核检查，尤其是质量检查和安全检查，一个建设工程的质量需要保障过关，安全措施需要合理的规划。在项目真正开工之前，任何质量问题和安全问题都必须得到保证，以免真正施工时发生意外和安全隐患。这里的质量巡检点和安全巡检点，就是要在一定时间进行检测的巡检任务。巡检完成之后也要生成相应的巡检报告，同时进行拍照来保存这些质量和安全问题，以便查看反映的问题是否得到响应和解决。

12.4.1 设置质量巡检点

在"构件树"选择构件的可见性，选择"质量"选项卡中"巡检"面板下的"巡检点"，在弹出的"巡检点列表"对话框中选择"添加"，在弹出的"编辑巡检点"对话框中输入巡检点名称、选择类型"质量"，并选中所需构件，选中呈现为红色，右键"选择完成"，完成后会自动"绑定楼层"，单击"确定"，具体操作如图12-19所示，重复以上操作直至添加完所有的质量巡检点。

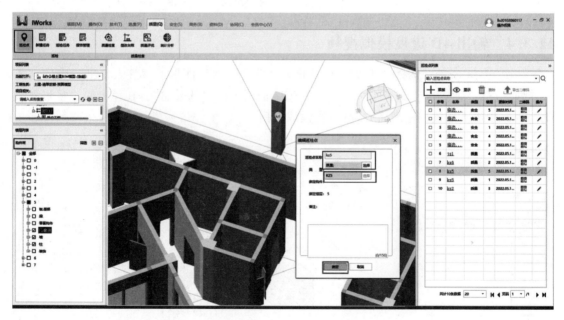

图12-19 设置质量巡检点界面

12.4.2 生成质量巡检任务

选择"质量"选项卡中"巡检"面板下的"新建任务"，在弹出的"新建巡检任务"对话框中输入任务名称、选择巡检人员、选定任务类型"质量"以及时间，单击"添加"；如图12-20所示。在弹出的"巡检点列表"对话框中选择巡检点，单击"确定"后弹出如图12-21所示的"生成巡检报告"对话框，具体操作如图12-22所示。

图 12-20　质量巡检点列表界面

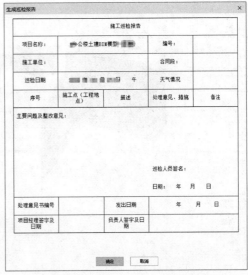

图 12-21　生成质量巡检报告界面

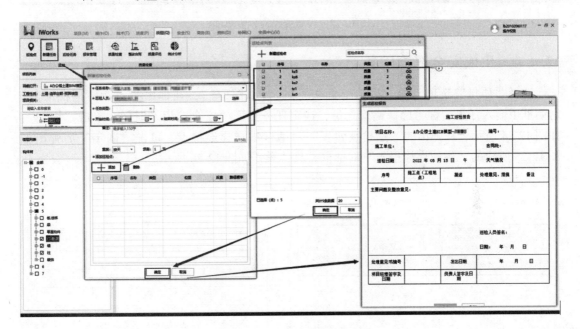

图 12-22　生成质量巡检任务界面

12.4.3　设置安全巡检点

在"构件树"选择构件的可见性，选择"质量"选项卡中"巡检"面板下的"巡检点"，在弹出的"巡检点列表"对话框中选择"添加"，在弹出的"编辑巡检点"对话框中输入巡检点名称、选择类型"安全"，并选中所需构件，选中呈现为红色，右键"选择完成"，完成后会自动"绑定楼层"，单击"确定"，具体操作如图 12-23 所示，重复以上操作直至添加完所有的安全巡检点。

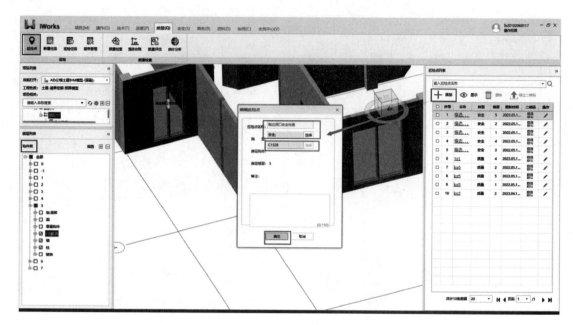

图 12-23　设置安全巡检点界面

12.4.4　生成安全巡检任务

　　选择"质量"选项卡中"巡检"面板下的"新建任务"，在弹出的"新建巡检任务"对话框中输入任务名称、选择巡检人员、选定任务类型"安全"以及时间，单击"添加"；如图 12-24 所示，在弹出的"巡检点列表"对话框中选择巡检点，单击"确定"后弹出如图 12-25 所示的"生成巡检报告"对话框，具体操作如图 12-26 所示。

图 12-24　安全巡检点列表界面

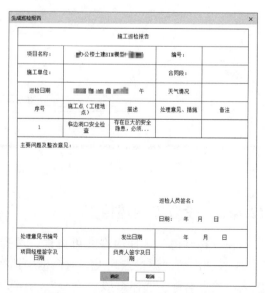

图 12-25　生成安全巡检报告界面

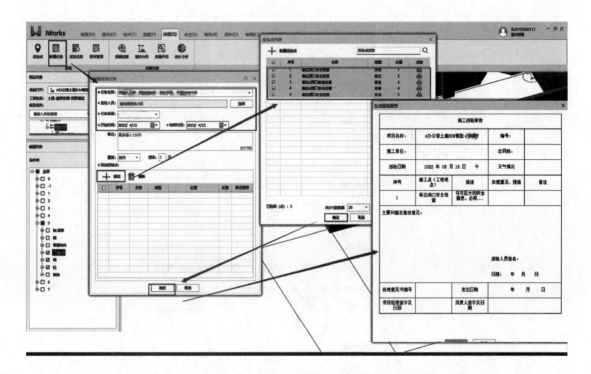

图 12-26　生成安全巡检任务界面

12.5　BIM 协同管理

鲁班 iWorks APP 是在手机上完成相关操作的一款应用软件，在手机上它能够更方便快捷地完成巡检、检查等各项任务。当巡检人员去施工现场进行巡检时，通过手机拍照来提交巡检结果，而且通过现场查看，任何存在的问题都会得到反映。同时，现场巡检的结果通过APP 完成之后，在相关人员的鲁班协作（Luban Cooperation）中会得到反馈，相关人员由此能够快速地采取整改措施。

12.5.1　鲁班 iWorks APP

如图 12-27 所示，打开手机鲁班 iWorks APP，找到"更多"，单击"巡检"，查看需要巡检的质量巡检点和安全巡检点。

如图 12-28 所示，打开待检的巡检点，然后选择"添加巡检记录"，输入"巡检状态"，备注相关描述，并上传巡检图片，单击"确定"，单击"立即提交并发起协作"或"立即提交"。

如图 12-29 所示，查看历史记录，打开巡检日志。

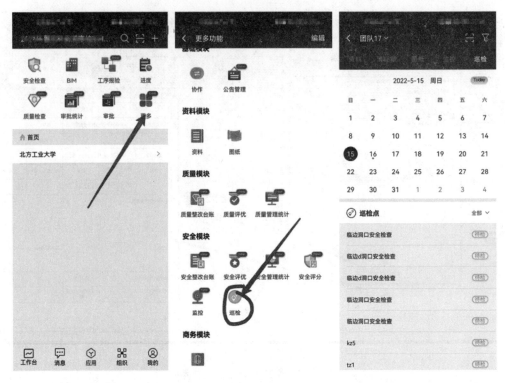

图 12-27　查看巡检界面

图 12-28　生成巡检任务界面

图 12-29　巡检历史界面

12.5.2　鲁班协作

　　右键单击软件图标，选择"以管理员身份运行"，弹出如图 12-30 所示的界面，选择"协作"，打开巡检任务，输入回复，点选"标记为整改措施"，单击"通过"。

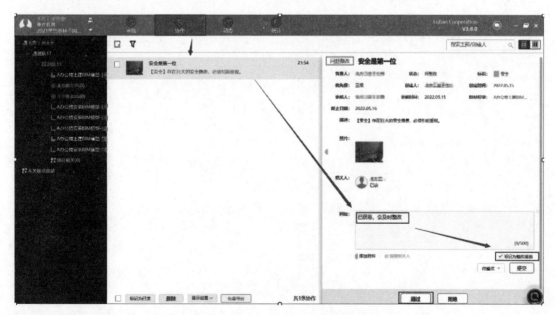

图 12-30　Luban Cooperation 协作界面

12.6　练习与思考题

通过鲁班万通软件，将第 4 章的结构专业 Revit 模型、第 5 章的建筑专业 Revit 模型、第 6 章的给水排水专业 Revit 模型、第 7 章的暖通空调专业 Revit 模型及第 8 章电气专业 Revit 模型转为 PDS 格式。在鲁班平台中完成以下操作：

1）BIM 模型质量检查：①将多专业 BIM 模型合并为工作集；②模型碰撞检查；③模型孔洞检查；④模型净高检查；⑤模型漫游及输出漫游视频。

2）基于 BIM 的技术交底：①模型剖切与标注；②模型视图管理；③模型显示/隐藏；④构件信息查询与编辑；⑤节点管理。

3）4D 进度模拟：①进度计划编制/导入；②关联模型；③任务编辑；④输出 4D 进度模拟视频。

4）质量及安全管理：①设置质量巡检点；②生成质量巡检任务；③设置安全巡检点；④生成安全巡检任务。

5）iWorks APP 应用：①APP 操作 BIM 模型；②协作应用。

案例篇

第 13 章　装配式剪力墙住宅项目 BIM 应用

知识目标

1. 了解 BIM 技术基于实际案例项目的实施应用效果。
2. 熟悉 BIM 技术基于实际案例项目的实施应用流程。
3. 掌握 BIM 技术基于实际案例项目的各个环节落地应用步骤。

技能目标

1. 能够基于案例项目读懂项目 BIM 标准。
2. 能够完整建立建筑、结构和机电模型。
3. 能够提出管线综合调整对应解决方案及进行管线综合调整操作。

13.1　项目概况

本案例依托门头沟区永定镇冯村南街棚户区改造和环境整治安置房项目，项目位于北京市门头沟区永定镇冯村南街，东至新 45 路，西至冯村路，南至地块边界，北至雅安路西延。项目总用地 17898.73m²，包含 1~5 号住宅楼，6 号配套服务用房，7 号热力用房，8 号低基配电室，9 号楼公共卫生间，总建筑面积 72476.98m²，其中地上建筑面积 49827.16m²，地下建筑面积 22649.82m²；容积率 2.8，建筑密度 14.33%，绿化率 30.7%。

13.2　BIM 应用概况

案例项目中根据装配式建造计划与组织过程中的不同情景，应用 BIM 功能模块，使得深化设计、生产、物流及施工等企业的管理人员在 APP 中进行计划与控制操作。利用 BIM 系统，优化吊装，减少信息传输错误，减少信息录入环节，可以基于上游提供的共享信息进行沟通。生产完成后，构件上贴有二维码，制造业使用的条码或二维码中存储了产品的信息，例如产品规格、产品生产厂家和生产日期等，通过 APP 的扫描二维码功能可以查询构件完整信息。预制构件吊装时，需要在构件堆场寻找特定的构件，可以通过 APP 扫描构件中的二维码来检索构件完整属性信息，以确认是否符合吊装计划要求，确认符合吊装计划要求后，可以发出构件信息更新请求，将确认信息反馈给系统。吊装完成后，要及时反馈进度信息给公司管理人员，同样公司管理人员通过扫描二维码，将实际吊装完成时间、吊装人员、现场吊装实际图片等发送到系统，其他管理人员可以通过更新后的信息及时调整后续施工计划，若吊装过程出现问题，则需要将出现问题的构件信息及问题情况等通过 APP 系统进行反馈，整体 BIM 应用框架图如图 13-1 所示。

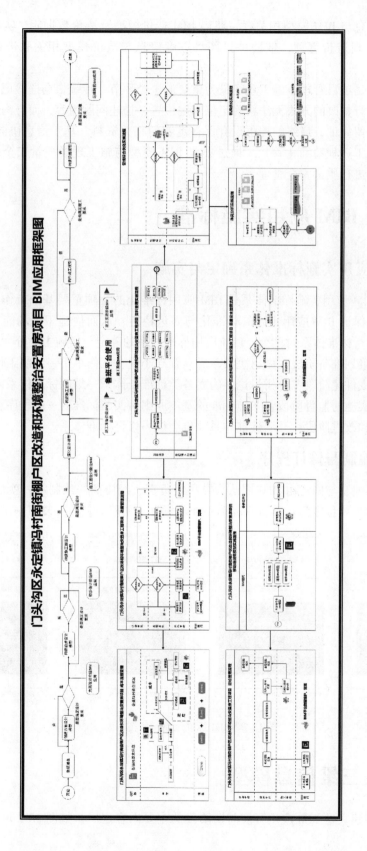

图13-1 整体BIM应用框架图

同时将量价信息与 BIM 模型相关联，获得 BIM 造价模型及造价数据库，实现分区段提取量价信息进而实现造价管理，辅助项目部将进度信息与造价模型相关联进行成本过程管控。

质量安全控制是项目管理、施工现场最为重要的一个环节。传统根据巡检记录问题单据联系相关责任人进行整改的方式无法精确定位问题位置、描述问题内容，而且沟通环节中的过程内容也没有保留凭证，最终归档也没有保存足够的相关资料。基于信息协同管理平台，各参与方可实现施工过程精细化管控。通过集成 BIM 模型与施工现场质量安全信息，形成质量安全数据库，进行质量安全管理。

13.3　编制 BIM 应用实施标准

13.3.1　BIM 应用实施标准体系确定与实施

建立和完善 BIM 应用实施标准体系是 BIM 应用标准化的一项重要基础工作，通过建立 BIM 应用标准体系保证 BIM 应用实施的标准化与质量稳定，从而使施工现场能有序地开展 BIM 应用工作，进行标准体系讨论会。BIM 应用标准体系的确定与实施主要分为四大阶段：

1）标准体系策划准备阶段：做出决策→成立领导小组、工作小组→编制工作计划。
2）标准体系文件化阶段：分析讨论→确立各类标准子体系→编制标准体系内容。
3）标准体系实施与监督阶段：实施标准的基本原则→实施标准的一般程序和方法。
4）评价确认和改进阶段：开展标准体系评价会议→修订标准体系。

13.3.2　标准编制与修订程序

BIM 应用标准编制与修订由 BIM 团队领导小组负责，经协商一致制定，项目经理批准，标准编制与修订的主要程序为：准备→起草→征求意见→初稿→初审→复审→定稿。

图 13-2　BIM 标准编制示意图

13.4　建立三维信息模型

三维信息模型建立是 BIM 应用开展前期阶段的主要内容之一，如图 13-3 所示。本项目三维信息模型建立工作内容主要包括施工阶段项目主体模型建立、临建设施模型建立、精细化节点模型建立，并最终完成项目标准族库。三维信息模型的正确建立是施工过程中 BIM 应用（如基于模型的工程量统计、三维审图、碰撞检查等工作）顺利实施的先决条件以及重要保障。

图 13-3　审核后三维信息模型

13.4.1　建模范围划分

本案例针对工作范围以及施工需要，对建模范围进行了划分，并对不同构件进行建模细度确定，使其适用于施工阶段 BIM 应用实施，具体建模范围划分见表 13-1。

表 13-1　建模范围划分

专业	模型内容	基本信息
建筑	（1）建筑构造部件的实际尺寸和位置：非承重墙、门窗（幕墙）、楼梯、电梯、自动扶梯、阳台、雨篷、台阶、夹层、天窗、地沟、坡道等 （2）主要建筑设备和固定家具的实际尺寸和位置：卫生器具、隔断等 （3）大型设备吊装孔及施工预留孔洞等的实际尺寸和位置 （4）主要建筑装饰构件的实际尺寸和位置：栏杆、扶手等	（1）修改主要构件和设备实际实施过程：施工信息、安装信息等 （2）增加主要构件和设备产品信息：材料参数、技术参数、生产厂家、出厂编号等 （3）增加大型构件采购信息：供应商、计量单位、数量（如表面积、个数等）、采购价格等
结构	（1）主要构件的实际尺寸和位置：基础、结构梁、结构柱、结构板、结构墙、桁架、网架、钢平台夹层等 （2）其他构件的实际尺寸和位置：楼梯、坡道、排水沟、集水坑等 （3）主要预埋件的近似形状、实际位置	（1）修改主要构件实际实施过程：施工信息、安装信息、连接信息等 （2）增加主要构件产品信息：材料参数、技术参数、生产厂家、出厂编号等 （3）增加大型构件采购信息：供应商、计量单位、数量（如表面积、体积等）、采购价格等
暖通	（1）冷水机组、新风机组、空调器、通风机、散热器、水箱等主要设备的实际尺寸和位置 （2）伸缩器、入口装置、减压装置、消声器等其他设备的实际尺寸和位置 （3）管道、风道的实际尺寸和位置（如管径、标高等） （4）主要设备和管道、风道的实际连接 （5）风道末端（风口）的近似形状、基本尺寸、实际位置 （6）阀门、计量表、开关、传感器等主要附件的近似形状、基本尺寸、实际位置 （7）固定支架等近似形状、基本尺寸、实际位置	（1）修改主要设备和管道实际实施过程：施工信息、安装信息、连接信息等 （2）增加主要设备、管道和附件产品信息：材料参数、技术参数、生产厂家、出厂编号等 （3）增加主要设备、管道和附件采购信息：供应商、计量单位、数量（如长度、体积等）、采购价格等
给水排水	（1）锅炉、冷冻机、换热设备、水箱水池等主要设备的实际尺寸和位置 （2）给水排水管道、消防水管道的实际尺寸和位置（如管径、标高等） （3）主要设备和管道的实际连接 （4）管道末端设备（喷头等）的近似形状、基本尺寸、实际位置 （5）阀门、计量表、开关等主要附件的近似形状、基本尺寸、实际位置 （6）固定支架等的近似形状、基本尺寸、实际位置	（1）修改主要设备和管道实际实施过程：施工信息、安装信息、连接信息等 （2）增加主要设备、管道和附件产品信息：材料参数、技术参数、生产厂家、出厂编号等 （3）增加主要设备、管道和附件采购信息：供应商、计量单位、数量（如长度、体积等）、采购价格等

（续）

专业	模型内容	基本信息
电气	（1）机柜、配电箱、变压器、发电机等主要设备的实际尺寸和位置 （2）照明灯具、视频监控、报警器、警铃、探测器等其他设备的近似形状、基本尺寸、实际位置 （3）桥架（线槽）的实际尺寸和位置	（1）修改主要设备和桥架（线槽）实际实施过程：施工信息、安装信息、连接信息等 （2）增加主要设备、桥架（线槽）和附件产品信息：材料参数、技术参数、生产厂家、出厂编号等 （3）增加主要设备、桥架（线槽）和附件采购信息：供应商、计量单位、数量（如长度、体积等）、采购价格等

13.4.2　模型拆分

根据项目图纸、施工组织设计以及施工进度计划，对 BIM 应用工作进行阶段性划分，根据不同阶段 BIM 应用需求，分阶段建立三维信息模型，保障三维信息模型准时、按需投入 BIM 应用实施工作中去，具体的建模任务划分及完成节点见表 13-2。

表 13-2　建模任务划分及完成节点

工作范围	工作模块	工作内容
结构建模	1号、2号、3号、4号、5号	现浇墙、柱、梁、板
		预制墙、楼梯、空调板、叠合板
		基础、桩
		边缘构件
		楼梯
		自行车坡道
	配套6号、7号、8号、9号	整体结构
	地下车库	现浇墙、柱、梁、板
		人防结构
		竖井
		楼梯
		汽车坡道
		基础
建筑	1号、2号、3号、4号、5号	所有建筑部分
		剖立面图
		户型图
		门窗、坡道
		墙身大样图
		电梯
	配套6号、7号、8号、9号	建筑部分模型
	地下车库	建筑部分模型
		门窗
		坡道
		人防

（续）

工作范围	工作模块	工作内容
电气	1号、2号、3号、4号、5号	桥架、用电设备
		消防
		防雷
		插座
	配套6号、7号、8号、9号	桥架、用电设备
		消防
		防雷
	地下车库	桥架、用电设备
		消防
		防雷接地
设备	1号、2号、3号、4号、5号	给水排水、通风、采暖、消防
		水箱
	配套6号、7号、8号、9号	采暖、消防、通风
	地下车库	消防、给水排水、采暖、通风
		喷淋
		风管
		给水、中水泵房
		消防泵房
		人防水箱
		机房
	室外综合管线	各专业管线
场地	场地布置	各类大临设施、道路、标识、办公内部布置等项目部设施
		施工周边地形、六个施工阶段施工场地布置

13.4.3　建模准备

为保障建模工作顺利有序开展，需在建模工作开始之前对项目样板进行设置，项目样板主要有以下设置项。

（1）软件版本　项目将在 BIM 系统平台上开展成本、质量、进度等管控工作，需进行模型转化，考虑到各参与方协同工作，Revit 高版本需谨慎使用，本案例采用2018 版本。

（2）文件命名以及构件命名　为保障建模工作顺利有序开展，完善项目族库体系，需根据建模需要进行文件夹命名与构件命名，具体命名规则遵循项目 BIM 标准要求，命名格式如图 13-4 所示。

图 13-4　族类型命名

13.4.4　建模操作

建模操作参见第4~8章。本项目建模基本流程为：建立项目中心文件→分配工作集→PDF转化DWG图纸→图纸定位→模型建立（插件）→图纸问题汇总→同步中心文件。过程模型如图13-5所示。

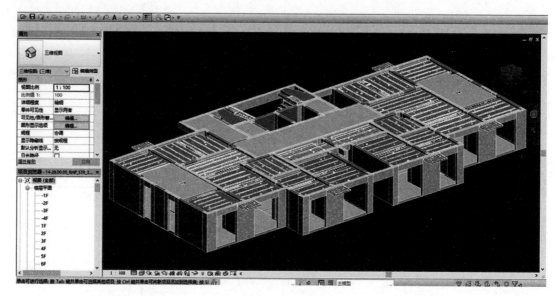

图13-5　过程模型

13.4.5　梳理图纸问题

建模开始前，BIM团队领导小组召开会议，针对可能出现的图纸问题进行梳理，制定标准图纸问题汇总表，经过分析讨论，梳理出了可能出现的图纸问题，具体分类如下：

1）信息缺失（尺寸、配筋、定位、详图做法等）。

2）图形、标注出现矛盾。

3）构件重叠或者悬空。

4）同类错误批量出现。

5）设计图无法满足设计要求与建筑功能。

6）其他。

BIM工程师在建模过程中对发现的图纸问题进行及时记录，见表13-3。在各阶段模型提交节点，将模型与图纸梳理报告一并交付于建设方，等待建设方反馈图纸问题后，对模型进行修正、维护，最终生成施工模型。

表13-3　图纸问题记录

图纸问题记录表 C2-2		资料编号	00-00-C2-001
工程名称	门头沟区永定镇冯村南街棚户区改造和环境整治工程安置房项目		
地点	门头沟区永定镇雅安路西延以北、冯村路以东、新45路以西	专业名称	1~5号楼-建施

（续）

序号	图号	图纸问题	图纸问题交底
1	建施-01-1	水泥条板隔墙除强度等级外是否有其他要求（如隔声、构造要求、参照图集）	回复：满足绿建专篇中关于户内各房间的隔声要求
2	建施-01-1	主要工程做法第一条第 10 项本工程为精装交房该处做法是否应该明确	回复：厨房及卫生间管井由精装设计完成
3	建施-01-2	建施-01-2 第八条卫生间防水砂浆设置材料要求	回复：取消卫生间防潮层做法，直接防水层到顶即可
4	建施-01-3	建施-01-360 厚非粘性烧结砖保护层建议更换为聚苯板	回复：按照建设方意见，保留"60 厚非粘性烧结砖保护层"
5	建施-01-3	建施-01-3 地下室底板建议取消 20 厚 DS 砂浆找平层	回复：不取消，按照图集做即可
6	建施-06	建筑平面图中部分户内隔墙显示为蒸压加气混凝土砌块，实际应为水泥条板	回复：分户墙为蒸压加气混凝土砌块，户内隔墙为水泥条板墙
7	建施详图-01	GRC 成品线脚无安装方式和材料要求	回复：图中注明"详见厂家二次设计"
8	建施详图-01	建施详图-01 保温材料与图总说明不符	回复：保温材料应为"改性聚苯板"，与总说明一致

签字栏	建设单位		监理单位		设计单位		施工单位
	制表日期				年　　月　　日		

13.4.6　模型校核

模型建立完成后，需参照 PDF 版本图纸进行模型校核工作，模型校核主要围绕以下几点进行：

1）模型样板是否正确设置。

2）模型参数是否正确设置（长度单位、小数点保留位数等）。

3）标高、定位点是否正确设置。

4）构件是否按照命名规则正确设置。

5）构件尺寸是否符合设计要求。

6）构件定位是否符合设计要求。

7）是否有建模遗漏、重复、重叠现象。

8）模型细节是否与施工图一致。

9）其他问题。

模型校核后，针对模型问题进行汇总，见表 13-4。由 BIM 工程师对模型进行修正与维护，校核确认无误后，整合模型，按照标准中规定的成果提交节点交付模型成果。

表 13-4　模型校核问题汇总

编号	问题描述
	1 号楼给水排水
1	负 4 层，消防管道重复绘制发生重叠，需要修改（多处消防管出现类似情况）
2	负 4 层，雨水管标高错误，需按图建模
3	负 4 层，雨水管变径位置不对（按图所示），变径位置要改
4	把所有管道编号的 L-1 去掉
5	WL-1 立管未按照指定标高画至集水坑底（或者没画）
6	ⓒ轴交⑪~⑮轴，管路未画完，4 根管道标高画错
7	⑲~㉙轴交ⓒ~ⓔ轴消防管重复绘制，需修改（已删除）
8	⑲~㉙轴交ⓒ~ⓔ轴消防管少绘制一个蝶阀，需修改
9	ⓒ轴交⑬轴立管没画
10	消防干管应为 DN100，支管为 DN70，绘制错误
11	集水坑 K3 的雨水管路没画
12	所有污水立管缺少附件（见系统图）
13	污水立管都应将三通改为弯头
14	RL 的横管管路附件都没画
15	水暖支架没画
16	1W-3 和 W5 的室内标高为 0.600m，不是 −0.760m
17	B1 层卫生间洗脸池连接支管标高应为 0.250m
18	管道垫层敷设应为 80mm，非 100mm
19	2ZL-1′和 3ZL-1′命名错误，应为 2ZL-1 与 3ZL-1
20	复制的构件注意修改命名（已修改）
21	B2 和 B2′的暖通水管翻管多余（没必要）
22	顶层管道的附件没画 RG
23	屋面机房层画出来
	2 号楼给水排水
24	消防干管应为 DN100
25	负 4 层的 2 根消防立管没有按照图纸联通（已修改）
26	负 4 层消防干管变径位置未生成过渡件（已修改）
27	管道命名去掉 L-1（已修改）
28	负 3 层消防管管径画错，应为 DN100
29	负 3 层水暖井缺支管及闸阀
30	给水、中水干管管径平面图与系统图不一致
31	负 1 层集水坑，污水管道没有画
32	刚性防水套管的直径不对
33	采暖散热器片没画

（续）

编号	问题描述
34	负 1 层暖通供回水没有与干管相连
35	W5 三通连接处有问题
36	1 层暖通供回水没有联通（结束的地方）
37	水暖井内为什么要弯折两次管道（与图纸不符）
38	B1 与 B2 系统给水，在卫生间处管道标高有变化，不符合图纸，且没有画出热水器等设备，也未画出相应管路附件
39	进水暖井位置各管道未按图纸绕行（整个模型翻管都不太符合图纸要求）
40	B1 与 B1′系统厨房画了 2 个存水弯，与系统图不符
41	25 层暖通没画
42	集水坑底、水泵都没画（已修改）
43	集水坑中缺少可曲挠橡胶接头（已修改）
44	负 2 层消火栓无法与立管连接（无法生成三通）
45	2J 入户的管路附件顺序画反了
46	负 3 层、1R1、2R1、1R2、2R2 回路画错（已修改）
47	卫生间没有降板
48	供热回水少画一个回路
49	污水许多支管都没有连接干管
50	管道系统混乱，过滤器无法筛选指定构件
3 号、4 号、5 号楼给水排水	
51	雨水管标高错误
52	负 3 层①轴交⑮轴，图纸标高有问题，无法生成三通，并且建模未按标高建模
53	负 2 层热水管（如 2R1 等）管道编号错误，需修改（去掉 L-1），且所有管道都有此问题
54	负 2 层，3ZL 管径错误
55	负 3 层消防管画错，且未加蝶阀
56	负 1 层，所有污水管标高画错，导致大量碰撞
57	①轴交②轴不能生成三通，类似问题很多
58	负 1 层多处支管与干管连接处，空间不足无法生成三通
59	首层 RJ 管都用 RG 代替了，有什么依据
60	所有散热器片都没画
61	管井内没有 RJ 系统图
62	首层排水画错，需要大改
63	标准层卫生间管道未下降
64	燃气热水器阀门高度不对
65	坐便器中水管未连接
66	C1814 处雨水横管没有标高
67	热水管 1R1 和 1R2，所有楼层编号错误

（续）

编号	问题描述
68	丝堵标高难以确定
69	负1层楼栋热计量装置没画
70	标高表现形式要改（例如2F＋2720改成3F-80；需要与图相符）
71	RH是热回水，不是热给水
72	机房缺少可曲挠橡胶接头
73	排水管道未按图纸布置
74	负2层⑭轴交Ⓔ轴雨水横管不能生成四通或者三通
75	所有管道名称把L-1去掉
	车库给水排水
76	负1层喷淋管路附件没画
77	YW2和YW3出户横管标高错误
78	负1层⑩轴交Ⓒ轴车库冲洗，中水管没有画（图纸有点问题），且三通后管径没有变径，管径应为25mm
79	负1层车库冲洗的用水设备没画（是否要画）
80	负2层①轴交⑨轴处不该生成四通
81	负2和3层报警阀室管道需要修改
82	负3层Ⓝ轴交②轴集水坑雨水管需修改横管标高（已修改为相对负3层1500mm）
83	带手摇泵的集水坑构造不符合图纸，需确定真实构造，并修改
84	YWL3′在负1层的集水坑的构造需要修改，不符合图纸要求
85	集水坑没有管路附件，需要添加
86	泵房少水力控制遥控浮球阀（如3个闸阀并排的位置）
87	泵房没画完，有画错的地方
88	①轴交⑬～⑭轴处消防管不该是三通和四通，需要修改
89	Ⓑ轴交⑭轴处，消火栓处管道画错
90	Ⓝ～Ⓟ轴交②～③轴弯头没生成
	附属给水排水
91	拖把池没加存水弯
92	中水入户管路附件没画
93	给水入户水表没画
94	中水坐便器旁的支管不确定是否要画（系统图没有）
95	排水没有画出排水坡度
96	排水不锈钢网罩没体现

13.5 模型碰撞检查及辅助优化

13.5.1 模型整合

在进行各专业之间或者同专业之间不同施工段模型碰撞检查前，需要对模型进行整合，本标段建模工作通过项目中心文件的方式在建模过程中即完成了各专业模型的整合，各专业各分段模型建立完毕后，通过文件同步即可自动将分模型整合在一起，降低了因没有创建中心文件而导致项目原点、轴网和标高不统一的出错率。

13.5.2 碰撞报告

利用 Navisworks 进行碰撞检查后，软件将自动生成碰撞报告，实际上软件自动生成的碰撞报告并不能满足 BIM 应用碰撞检查的实际需要，此时 BIM 工程师根据 Navisworks 生成的碰撞报告对碰撞结果进行筛选、添加相关信息，优化建议，Revit 模型截图等形成碰撞检查汇总报告表，见表 13-5，碰撞报告汇总报告表整理完毕后，按照合同规定节点向建设方递交碰撞报告，待建设方反馈碰撞报告意见后，由 BIM 工程师按照反馈意见内容进行模型修正与维护。

表 13-5 碰撞检查汇总报告

碰撞报告				
BIM 建模单位		区域	BIM 负责人	
北方工业大学		住宅 1 号楼	联系电话	
第一步：碰撞问题查找				
问题编号	001		问题分类	碰撞问题
涉及专业	结构/电气		图纸版本	3.0
所在层	地下二层		问题定位	⑮轴交ⓒ轴
问题描述	电缆桥架靠近门洞，与门洞过梁发生碰撞			
优化建议	建议桥架向门开启方向左侧进行偏移，避开过梁，便于桥架开洞			
三维模型			平面图	

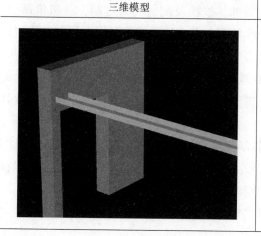
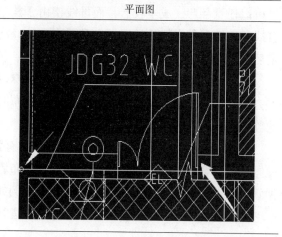

（续）

	第二步：建设方反馈				
建设方单位 反馈建议					
	签字：		日期：		
	第三步：修改模型				
软件方单位 修改回执					
	签字：		日期：		
备注					

13.5.3 管线综合

管线综合排布前需要根据调整区域特点梳理管线预排布优先级，针对强、弱电机房，应优先考虑桥架、线槽接入设备的便捷性以及防水等要求；针对人防、避难间等区域，应优先考虑防火门的安装空间以及人员逃生通道的净高要求等；针对空间充足的区域应考虑减少管线翻弯的数量，尽量提高净高；针对空间不足的区域应考虑设备安装、检修空间以及满足实际净高要求的最低管线控制高度；针对某专业尚未设计完成需预留管线安装空间的区域，应考虑后安装管线的安装空间以及优先安装管线的后期维护空间问题；针对管线较多、空间狭窄的情况，应优先考虑按照综合支吊架进行预排。

根据各专业管线排布及避让原则，各管线预排可按照如下优先级开展：

（1）重力流污废水 具有管径大、分支多、排水坡度大的特点，因此重力流污废水应该最优先进行管线预排，针对下层排水或者转换层排水管网，一般优先贴于梁底、板底布置，无特殊情况，其余管线均避让重力流污废水。

（2）消防排烟 由于消防验收规范以及消防专业设计规范对于消防排烟的要求极其严格，排烟口尺寸、位置和排烟管尺寸、位置等不可以轻易变动，并且消防排烟管尺寸较大，调整空间不多。因此，消防排烟需要优先排布，位置确定后，尽量减少变动。

（3）强电母线槽 用于传输高压电的线路。在满足线缆铺设的前提下，普通桥架及线槽可以任意翻弯，成本较低，而母线槽由于构造特殊，线槽及配件均为定制，且造价昂贵，管线翻弯等会带来造价的巨幅上升。因此从经济性角度考虑，母线槽需要优先排布，位置确定后，避免变动（充分考虑防水）。

（4）桥架、线槽 强、弱电桥架、线槽需要避免液体腐蚀，因此需要优先预排布，另一方面，由于强弱电需要后期进行穿插，排布时需要充分预留线缆放入线槽的空间，后续其他管线排布时均避免侵占线缆铺设空间。

（5）根据避让原则排序 剩余管线在没有强制规范要求的情况下，根据管线综合排布原则进行综合排布，可根据管线尺寸，优先布置较大的管线或者阀门较大的管线；也可以根据管网复杂程度，优先布置较复杂的管线，例如喷淋干管等。

管线综合调整完毕后，对管线综合模型进行二维、三维标注并出图，如图13-6所示。

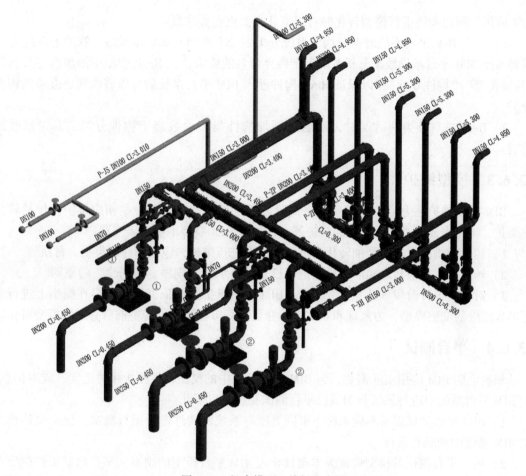

图 13-6　机房模型三维标注出图

13.6　模型转化与平台测试

13.6.1　模型原则

　　Revit 建模规则会影响 Revit 构件导入 BIM 平台的成功率，因此需按照 Revit 导入 BIM 平台的逻辑原理及原则进行 Revit 模型建立，并遵从以下三项原则：

　　（1）一致性　所有模型应遵从统一建模标准。

　　（2）规范性　构件命名及属性定义应符合 BIM 平台的规范逻辑。

　　（3）完整性　模型构件信息完整，具备 BIM 平台进行 BIM 应用所需的必要信息。

　　BIM 平台的基础数据分析系统对于模型分类主要有土建、排水、电器、暖通、消防、弱电。因此，为了保证模型的顺利导入，需要对 Revit 模型进行拆分，将项目中心文件按照 BIM 平台基础数据分析系统的专业划分进行拆分，分别导入 BIM 平台系统进行测试。

13.6.2　模型转化

　　模型拆分完毕后，利用 BIM 平台插件，将 Revit 模型转化并导入 BIM 平台，实施相应

BIM 应用。利用插件进行模型转化时有以下几个要点需要注意：

1）导入 BIM 平台系统时部分构件系统分类划分不准确（如弱电设备、管道子系统等），需要参照 BIM 平台基础数据分析系统对于构件命名的要求，在 Revit 模型中添加自定义属性"构件类型""构件专业"，以保证 Revit 构件导入 BIM 平台系统后可以获取到更准确的构件分类。

2）Revit 构件族类别错误时无法通过添加构件类型参数修正构件分类，需先修改族类别。

13.6.3 模型维护

BIM 模型维护是为了 BIM 模型在后期阶段更好地应用而做的一些相应维护，包括转化前维护、转化完成后对转化模型的维护等。在进行 BIM 模型维护时需注意：

1）转化前维护应着重增加转化率进而对模型进行维护，包括构件族类型、材质等。

2）转化后维护应对转换后的模型进行核对，秉承"无则添、错则改"的原则。

3）对于在设计阶段确认发生变更时，BIM 模型维护人员依据变更内容在模型上进行变更形成相应的变更模型，为监理和业主方对变更进行审核时提供变更前后直观的模型对比。

13.6.4 平台测试

根据后期 BIM 应用实际需要，为 BIM 平台系统中的模型构件挂接相关进度、成本信息，在 BIM 平台系统中进行试运行测试，平台测试要注意以下几点：

1）BIM 平台测试需对不同系统下不同类型与系统的构件进行运行测试，保证全体模型在 BIM 系统中的顺利运行。

2）用于平台测试的模型应该为本项目导入 BIM 平台模型的副本，平台测试工作应该单独成立测试项目，不可在同一项目文件中进行测试后继续进行后期 BIM 系统管理，可能会造成信息错乱与不准确。

13.7　BIM-5D 协同管理

13.7.1　进度管理

施工进度计划是项目建设和指导工程施工的重要技术经济文件，进度管理是质量、进度、投资三个建设管理环节的中心，直接影响到工期目标的实现和投资效益的发挥。目前建筑施工中进度计划表达的传统方法大多采用横道图和网络图计划，2D 表达不是很直观，尤其是穿插施工这块，当某些问题前期未被发现，而在施工阶段显露出来，就会使项目施工方陷入被动，借助 BIM，对项目施工的关键节点（土方开挖、基础完成、整体出 ±0.000 标高、砌体穿插、主体结构封顶、装饰装修、景观布置等）进行方案模拟，重点关注总平面布置、交通组织、流水穿插等，更直观、更精确地发现并提前解决施工过程中可能遇到的问题，为不同施工方案提供了可视化的沟通、分析、决策平台。

施工进度模拟在解决交通组织、施工安排、工序及工作面穿插的核心问题上，还起到了安全措施检查、缩短工期、技术方案决策的作用，具体流程如图 13-7 所示。

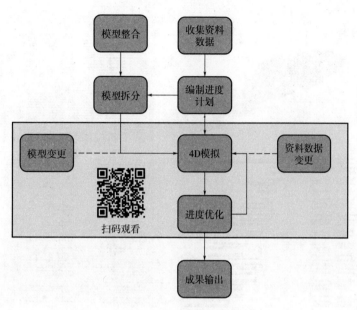

图 13-7　进度模拟流程

　　施工进度模拟伴随着整个工期，需要进行多次修改。最后的成果归档也是一项不可忽视的工作内容。交付成果包括 BIM 模型、施工进度模拟视频、施工进度计划、协调沟通资料管理等内容，为后期现场实施提供依据，同时也需根据现场反馈及时调整施工方案。

13.7.2　成本控制

　　BIM 模型是一个强大的工程信息数据库。BIM 建模所完成的模型包含二维图纸中所有的位置、长度等信息，并包含二维图纸中不包含的材料等信息，而这些的背后是强大的数据库支撑。因此，计算机通过识别模型中的不同构件及模型的几何和物理信息（时间维度、空间维度等），对各种构件的数量进行汇总统计。这种基于 BIM 的算量方法将算量工作大幅度简化，减少了因人为原因造成的计算错误，大量节约了人力和时间。工程量计算的时间在整个造价计算过程占到了 50% ~ 80%，运用 BIM 算量方法会节约近 90% 的时间，而误差也控制在 1% 的范围之内。

　　在传统的成本核算方法下，一旦发生设计优化或者变更，变更需要进行审批、流转，造价工程师需要手动检查设计变更，更改工程造价，这样的过程不仅缓慢，而且可靠性不强。建筑信息模型依靠强大的工程信息数据库，实现了二维施工图与材料、造价等各模块的有效整合与关联变动，使得设计变更和材料价格变动可以在 BIM 模型中进行实时更新。变更各环节之间的时间被缩短，效率提高，更加及时准确地将数据提交给工程各参与方，以便各方做出有效的应对和调整。目前 BIM 的建造模拟职能已经发展到了 5D 维度。5D 模型集三维建筑模型、施工组织方案、成本及造价等三部分于一体，能实现对成本费用的实时模拟和核算，并为后续建设阶段的管理工作所利用，解决了阶段割裂和专业割裂的问题。BIM 通过信息化的终端和 BIM 数据后台将整个工程的造价相关信息顺畅地流通起来，从企业级的管理人员到每个数据的提供者都可以监测，保证了及时准确地调用、查阅、核对各种信息数据，如图 13-8 所示。

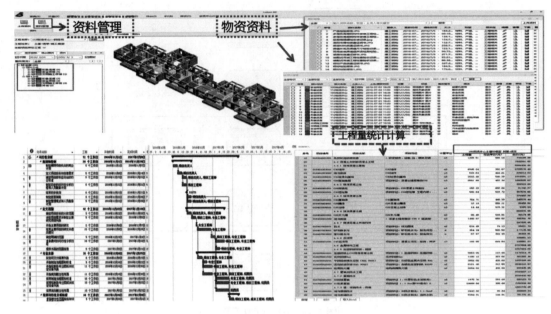

图 13-8　BIM 成本管理信息平台

13.7.3　质量安全管理

　　质量安全控制是项目管理、施工现场最为重要的一个环节。传统巡察记录问题单据联系相关责任人进行整改的方式无法精确定位问题位置、描述问题内容，而且沟通环节中的过程内容也没有保留凭证，最终归档也没有保存足够的相关资料，比较低效。基于信息协同管理平台，各参与方实现施工过程精细化管控。通过集成 BIM 模型与施工现场质量安全信息，形成质量安全数据库，进行质量安全管理，如图 13-9 所示。

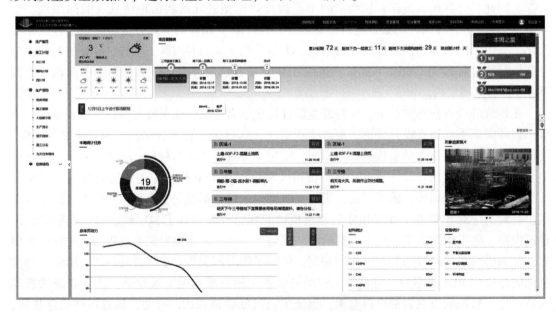

图 13-9　BIM 平台质量问题分布图

问题上传后还可以直接通过 BIM 平台移动端通知相关负责人，负责人透过问题照片和描述了解问题情况即可迅速着手展开整改工作。与此同时整改人还可以实时汇报整改情况，项目管理人员可以第一时间了解整改进度，大大提高沟通效率。

13.8 总结

本案例项目建立了基于 BIM 技术的装配式建筑施工全过程信息化管理体系，使项目参与方在统一的信息平台上共享信息、协同工作，可有效地减少频繁的设计变更和返工，提升施工效率和管理信息化水平，增强施工企业的核心竞争力。BIM 技术成功应用于门头沟区永定镇冯村南街棚户区改造和环境整治安置房项目的施工过程中，为该项目顺利实施提供了强大的信息技术支持，不仅在图纸会审阶段发挥了重要作用，也为施工阶段中的技术交底、进度及质量安全管理提供了可视化的协同工作平台，为企业创造了工期和经济上的效益。

参 考 文 献

［1］ 中国建筑科学研究院，建研科技股份有限公司．跟高手学 BIM——Revit 建模与工程应用［M］．北京：中国建筑工业出版社，2016.

［2］ 杨坚．建筑工程设计 BIM 深度应用——BIM 正向设计［M］．北京：中国建筑工业出版社，2021.

［3］ 孙仲健，等．BIM 技术应用——Revit 建模基础［M］．北京：清华大学出版社，2018.

［4］ 工业和信息化部教育与考试中心．BIM 建模工程师教程［M］．北京：机械工业出版社，2018.

［5］ 刘荣桂，等．BIM 技术及应用［M］．北京：中国建筑工业出版社，2017.

［6］ 李建成，王广斌．BIM 应用·导论［M］．上海：同济大学出版社，2015.

［7］ MESSNER J，ANUMBA C，DUBLER C，et al. BIM project execution planning guide［M］. 2nd ed. Pennsy Ivania：Computer Integrated Construction Program，2021.

［8］ 李娟，曾立民．建筑施工企业 BIM 技术应用实施指南［M］．北京：中国建筑工业出版社，2017.

［9］ 过俊．BIM 在国内建筑全生命周期的典型应用［J］．建筑技艺，2011，197（Z1）：95-99.